苏州长物·鸟

苏州市科学技术协会 编

文匯出版社

编委会

序

“江南好，风景旧曾谙。”如果说，江南是中国文人心目中的一方诗意乡愁，那江南文化就如同中华文化的一个丽梦，是中国梦最优雅、婉转、诗情的部分，而苏州无疑是这段典雅章回的重要叙述者、书写者。苏州承载着从古至今人们对江南最美好的记忆与想象，也是“最江南”的文化名城。苏州之江南文化经典形象也早已深入人心，成为无数人的精神家园。

“美美与共，天下大同”，科技与文化的深度融合成为当今时代的大势所趋，科技的最高境界无疑是用其来理解文化之美，实现人类文明的大发展、大繁荣。苏州是一座将科技与文化完美融合的城市，古代状元之乡，当代院士之城，从科举到科学，苏州生生不息汲取吴文化博大精深、源远流长的天然养分，深深烙印上崇文重教、包容创新的城市基因。因此，将科普与文化、艺术、旅游等相结合，催生科普的新活力、新动能，成为苏州科普工作者的重要责任。

文化传承和科技创新从来都离不开乡土记忆，古有文震亨《长物志》，共十二卷。内容分室庐、花木、水石、禽鱼、书画、几榻、器具、位置、衣饰、舟车、蔬果、香茗十二类，是一部古代的江南文化生活和文人情趣的重要著述。今天我们编辑的“苏州长物”系列口袋书，将“苏样”“苏意”“苏工”“苏作”参互成文，将古城、古镇、古典园林等经典江南文化遗存，昆曲、评弹、苏剧、苏绣等绝世江南文化瑰宝，乌鹊桥、丁香巷、桃花坞、采香泾等唐诗宋词里裁下的江南美称，一一记叙，为大家科普其中的科学内涵，让科学与生活、自然、人文高度融合，雅俗共赏，梳理、挖掘和整理苏州本土的自然、人文、风物、科技等，将苏州的江南文化以准确、朴实、生动的科普语言传递出去。

我们愿与广大读者一起构筑江南文化的最鲜明符号，延续江南城脉的最深厚底蕴，书写江南记忆的最精彩笔墨，加快锻造文化软实力和核心竞争力，让文化为城市发展高位赋能！

期待“苏州长物”系列口袋书能成为宣传苏州文化软实力、提升苏州市民科学文化素养的随身宝囊！

苏州市科协党组书记、主席

2021 年 7 月

前言

鸟语花香、莺歌燕舞，这是人们对美好生活最具象的描述。听鸟儿们鸣唱，看鸟儿们翩然起舞，每一次和它们的相遇，都是值得珍惜的缘分。

苏州地处江南水乡，自然禀赋优良，自古以来就有“鱼米之乡”“人间天堂”的美誉。近几年，苏州湿地环境不断优化，已然成为候鸟南迁旅途中重要的休息站点，也成为很多留鸟生活的天堂。“黄鹂巷口莺欲语，乌鹊河头冰欲销。”“鸳鸯荡漾双双翅，杨柳交加万万条。”曾做过苏州刺史的大诗人白居易笔下的场景，如今一一重现。

环境好不好，看看鸟儿多不多。被称为“地球之肾”的湿地，是鸟儿们赖以生存的家园。苏州湿地资源十分丰富，有太湖湖滨、昆山天福、吴江同里等6家国家湿地公园，自然湿地占国土面积的三分之一，内陆湿地面积占比全国第一。截至目前，苏州有记录的鸟类已达378种，其中包括黄嘴白鹭、东方白鹳、小白额雁、中华秋沙鸭等国家一、二级重点保护鸟类和珍稀濒危鸟类。生物种类越来越丰富，是美丽苏州升级的最直观体验。

鸟类是我们身边最亲密的“野生动物朋友”，了解它们、保护它们，是每个人的责任。为此，我们编撰出版《苏州长物·鸟》口袋书，讲述苏州有记录的100种鸟的故事，既有长期栖居于苏的留鸟，也有来来往往的各种候鸟，包括夏候鸟、冬候鸟、旅鸟（过境鸟）等。其中有最亲近人的麻雀、家燕等，也有霸气的灰脸𫛭鹰、蛇雕等，还有鸟中“美人”寿带、白头鹤等，文字简练、图片精美。期待这本书能成为你爱鸟、护鸟、观鸟的好帮手！

编者

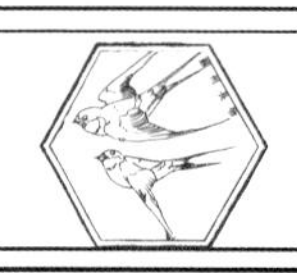

目录 | Contents

留住的幸运

等候的欣喜

留住的幸运

说起鸡，大家都不陌生，它是我们的祖先最早驯化和利用的动物之一，但关于雉，可能就不是人尽皆知了。其实“雉”是鸟类观察者或研究者对鸡形目鸟类的统称，又可以称之为“雉鸡类”。雉鸡就是“雉鸡类”的鸟中最常见的一种，俗名“野鸡”，因为颈部有一圈显著的白环，又称之为环颈雉。清朝文官官服补子的图案就有雉鸡，能穿上带有雉鸡补子的官服就是官居二品。

雄性的雉鸡头上是墨绿色的羽毛，在阳光下发出黑色的光泽，配上脸上鲜红色的眼周裸皮，神采奕奕。身上则披金挂彩，一身五彩羽毛，在阳光下耀眼夺目。最威风的是拖在身后长长的褐色尾巴，其间还有一道道的黑色横纹。戏曲中的翎子，就是用野鸡的尾部最长的羽毛制成的，俗称“野鸡翎”或“雉毛翎”，插在头上，显得人物英俊潇洒。雉鸡的雌鸟体型比雄鸟小了一圈，身上主要就是暗棕色，能方便它们在环境中隐蔽自己。

雉鸡喜欢在隐蔽的树木灌丛中生活，行踪诡秘。很多时候一片看似平静的草丛，突然就会有一两只雉鸡从中一跃而起，发出爆炸性的“咯”“噶”声，紧接着便用力鼓翼。在人们还没看清楚的时候，这些雉鸡已经夺路而逃，快速飞出去几十米远，然后很快落进又一处隐蔽的草丛中，无影无踪，只留下一脸惊愕的你。

雉（zhì）鸡				
Phasianus colchicus				
鸡形目	雉科	雉属	留鸟	体长约 85 厘米

“咕咕……咕咕咕”，一阵低沉又有节奏感的叫声打破了寂静。打开窗户，看到几只灰色的鸟儿飞过。虽然根本来不及看清楚它们的样子，但从叫声就知道它们是珠颈斑鸠。

珠颈斑鸠是生活中最常见的鸟之一，苏州很多住宅小区的草坪上、邻居家的窗台上、凉亭附近的枝头上都能见到它们的身影。当然，它们最喜欢的还是农田和山林，无拘无束。

珠颈斑鸠有着灰色的小脑袋、褐色的小身体，脖子和肚子那里略带点粉色。人们常常会把珠颈斑鸠和家鸽混淆，但其实通过颜色和喙的构造就可以简单看出两者的差别。最有意思的是，成年珠颈斑鸠的颈部两侧为黑色，密布白色斑点，像许许多多的“珍珠”散落在颈部，这也是“珠颈”斑鸠名字的由来。

珠颈斑鸠温驯，应该是和人类最熟悉的鸟类之一了。如果你和它之间只隔着一层玻璃窗，它会一动不动地注视着你；如果你的动作变大，它会立即飞走；如果你缓缓往后退，它就会继续漫步或观望。

若是有珠颈斑鸠在家里阳台的绿植上筑巢，那恭喜你，要有好事喽。有个成语“鹊笑鸠舞”，意思就是喜鹊欢叫，斑鸠飞舞，吉祥的事儿都能成。不过，开关窗的时候一定要轻一些，也不要用手去触碰鸟窝，不然它们会因为气味不对弃巢而去。

珠颈斑鸠				
Spilopelia chinensis				
鸽形目	鸠鸽科	斑鸠属	留鸟	体长约 30 厘米

因为外形与家养的鸽子相似，山斑鸠常被人称作“山鸽子”“野鸽子”。它和珠颈斑鸠同属于鸽形目鸠鸽科，但从脖子上的斑点和羽毛就可以轻松区分这两种鸟。山斑鸠的脖子上有黑白相间的块状斑，后背上还有一道道金灿灿的小斑纹，像鱼鳞一样，被称为扇贝样斑纹。最特别的是它飞行时的尾巴，呈扇贝状，好似一个鱼尾巴，末端的羽毛为灰白色。

山斑鸠常成对或成小群活动，“一帘鸠外雨，几处闲田，隔水动春锄。”惊蛰刚过，山斑鸠便春心萌动，开始恋爱了。它们先是同飞同栖，无论雌山斑鸠飞到哪里，雄山斑鸠都紧随其后。雄山斑鸠为了讨得女友的欢心，会喂它极珍贵的鸽乳。鸽乳是鸠鸽科鸟类嗉囊中分泌的一种富含高蛋白液体，小山斑鸠刚刚孵化出的第一餐，就是鸟妈妈的鸽乳。

山斑鸠不怎么怕人，在小区和公园里常能见到。它在地面活动时十分活跃，常小步迅速前进，边走边觅食，头前后摆动。受惊起飞时，两翅频繁鼓动，笔直而迅速地飞向天空。山斑鸠鸣声低沉，发出有点像“ku-ku-ku”声音。

“斯是陋室，惟吾德馨。”山斑鸠的巢穴非常简陋，就是一些纤细的树枝，胡乱地搭在杂树的枝杈上。或许恬淡、安逸就是它们想要的生活吧。

山斑鸠				
Streptopelia orientalis				
鸽形目	鸠鸽科	斑鸠属	留鸟	体长约 32 厘米

作为食物链的顶端物种，猛禽凭借矫健的身姿、犀利的眼神，得到了人们的厚爱，但其数量远远少于以植物和虫子为食的鸟类，一般人想见到猛禽不是那么容易的事。

不过在猛禽家族中，有一个“不挑吃、不挑住”而在城市立足了的家伙，那就是红隼。为什么叫红隼？这是因为它的翅膀颜色。雄性红隼覆羽是明亮的砖红色，而雌性红隼覆羽则为棕红色。除了不一样的“红”外，雄鸟和雌鸟的其他体色都差不多。头顶、头侧、后颈、颈侧为蓝灰色，身上从拨筋部开始由小到大规则分布有形似三角形的黑褐色斑纹，翅尖和尾尖为黑褐色。

红隼能够成为城市里最常见的猛禽，自然有着它们独特的生存智慧。红隼筑巢并不挑剔，高大的建筑物房顶上就是它们的好选择；在吃的方面，红隼也不挑剔，日常最主要的食物就是鼠类了，当然，鸟类也是它们主要的捕猎对象，特别是数量较多的麻雀，是红隼美味口粮的来源。

红隼体型不大，甚至比不上一些家鸽，但它的翅膀长而狭尖，振翅时速度很快，尾巴也较为细长，这样的身体结构让红隼成了猛禽中的“猎豹”，可以在飞起捕食过程中上演凌空击杀。有时，红隼则会站立于悬崖岩石的高处或旋站在树顶和电线杆上等候猎物的出现。“确认过眼神，我是很凶的萌神！”

红隼				
Falco tinnunculus				
隼形目	隼科	隼属	留鸟	体长约 33 厘米

“戴胜”这个名字或许有些陌生和奇特，许多人可能会以为它寓意着得胜归来。事实并非如此，在古代，“胜”是妇女佩戴在头部的一种华丽装饰品，也叫华胜。戴胜的头上长着艳丽多姿的羽毛，仿佛戴着华美的饰物，因而拥有了这样一个美丽而充满古意的名字。戴胜不仅自带羽冠，还有一对斑马纹的翅膀，在空中飞行犹如一只美丽的蝴蝶。

在中国传统文化中，戴胜象征着祥和、美满、快乐，自古以来有很多以戴胜为题材的诗、画。元僧守仁《戴胜》诗："青林暖雨饱桑虫，胜雨离披湿翠红。"描述了戴胜在桑树林中啄食害虫的景象，所以戴胜不仅美丽，还是农林益鸟。"桑柘绿无际，田间戴胜飞。"北宋司马光《归田诗》中则是戴胜在田间活泼而又繁忙的身影。戴胜平时就喜爱落在桑树上，每年的谷雨第三候就是"戴胜降于桑"。戴胜的出现，仿佛提醒着人们要及时采桑养蚕，开动织机，所以戴胜又有着"织鸟"的美称。

戴胜虽然外形出众，自己的巢穴却很臭，而且叫声听着像"咕咕"，所以有一个民间的外号叫"臭咕咕"。原来，戴胜不会清理堆积在窝里的幼鸟粪便，在繁殖期，雌鸟还会从尾部的腺体中喷射出一种黑色液体，奇臭无比。这是戴胜用来保护自己和巢、卵、幼鸟的"化学武器"。这么看来，戴胜不仅颜值高，智商也很在线呢。

<table>
<tr><td colspan="5">戴胜</td></tr>
<tr><td colspan="5">Upupa epops</td></tr>
<tr><td>犀鸟目</td><td>戴胜科</td><td>戴胜属</td><td>留鸟</td><td>体长约 60 厘米</td></tr>
</table>

四月份，春风渐暖，苏州各大公园的湖面上常能见到小䴙䴘这种可爱的水鸟。如果你觉得“䴙䴘”这两个字难写难记，那可以记住它另外一个十分形象而“接地气”的俗名——“王八鸭子”。这个俗称可能是得名于小䴙䴘出色的潜水技巧，因为它在潜水时，仅在水面上露出嘴尖和眼睛，很像鳖的形状。

因为体形短圆，在水上浮沉宛如葫芦，小䴙䴘还有个名字叫“水葫芦”。它们以水草营造浮巢，随波逐流，飘荡在人烟稀少的湖面上。发现有人或其他鸟类的动静后会用杂草等将卵盖住，然后“逃之夭夭”。幼鸟刚出壳就能跃入水中，但在学会潜水前还是要靠妈妈喂食。

捕食时，小䴙䴘会毫无预兆地一个猛子扎进水里，过了片刻，有时甚至是几分钟，它才从很远的地方冒上水面来，嘴里衔着一条刚刚捕获的小鱼。还没在水面停留多久，小䴙䴘再次一头扎进水里，开始下一次潜水捕食……当然，对于小䴙䴘来说，潜水不仅是它们的捕食技能，也是它们躲避天敌的“杀手锏”。

据说小䴙䴘还是一种忠诚鸟，雄鸟和雌鸟从相逢到相识到相爱再到共筑爱巢，彼此独守，永不他恋。

小䴙(pì)䴘(tī)				
Tachybaptus ruficollis				
䴙䴘目	䴙䴘科	小䴙䴘属	留鸟	体长约 27 厘米

“两个黄鹂鸣翠柳，一行白鹭上青天。”杜甫《绝句》中的这两句诗，千百年来脍炙人口，早已印刻在我们心里。黄鹂、翠柳、白鹭，春日的生机盎然扑面而来。

从古至今，白鹭深受文人墨客的推崇，入诗入画，咏之画之。青绿的稻田里、明净的小河边……几只白鹭

站立，细长的脖颈曲线优美，它们着一身雪白的衣衫，泰然自若地立于方寸之地，美得像“一首韵在骨子里的散文诗”。

因为对栖息地环境极为挑剔，白鹭被国际环保界称为大气和水质状况的“检测鸟”，有着“环保鸟”的美誉。现在，苏州很多湖边、湿地公园里，常能看到白鹭时而悠然低飞，水波漾漾；时而孤独站立，眺望远方，这应该是大自然对苏州生态的馈赠。

静若处子，动若脱兔。追逐食物时的白鹭更是迷人，像是在水中翩翩起舞：它们用修长、灵巧的双腿，不断搅动水底，惊扰猎物，东突西击、左挪右移，一双鲜艳的黄足无比亮眼，宽大的翅膀则上下翻飞。

外表优雅闲适的白鹭其实有着好斗的天性，它们会为保护和争夺食物而大打出手。我们常能看到两只白鹭伸直颈项，尖喙朝天，好似对歌，实际上是双方互不服气、不满对方而发出警告。

白鹭				
Egretta garzetta				
鹈形目	鹭科	白鹭属	留鸟	体长约 60 厘米

同属鹭科，夜鹭与优雅的白鹭截然不同。黑绿色大背头＋自带垫肩的体态，再加上血红凶残的眼睛，有一种黑帮西装大佬的既视感。

虽然长相凶悍，它们的脑袋后面却有几根白色的呆毛，多了几分俏皮感。未成年的夜鹭完全是一副小弟的模样，眼睛是温柔的黄色。

夜鹭不负其名，它是“夜行侠”，喜欢在夜晚出行，白天常隐蔽在沼泽、灌丛或林间。每到傍晚或黄昏，夜鹭就会叫上小伙伴，一同边飞边鸣叫。长得霸气的夜鹭，自然不是吃素的，它们是不折不扣的肉食主义者，而且基本不挑食，虽然主食主要是鱼类，但蛇、蛙、蜥蜴、龟、虾蟹、水蛭、蜘蛛等都在它的食单上，只要是嘴巴能吞进去的动物，来者不拒。

夜鹭非常聪明，会用鱼饵钓鱼。捕鱼时，夜鹭会先把野果之类的扔在水里，然后在岸上等待，一旦发现猎物，它就会迅速冲入水中，饱餐一顿。除了会钓鱼，夜鹭还有一个逃生绝技。那就是当它遇到危险时，会呕吐出未消化的食物。这样不仅可以减轻自身重量，便于逃跑，而且呕吐物的气味也可以一定程度上驱赶捕食者。

许多鹭科的鸟类都喜欢集群行动，夜鹭也不例外。除了群飞之外，它们还会聚集在树枝上休息，树下自然成了被鸟粪袭击的高危地带。夜鹭的粪便黏稠且具有腐蚀性，清理起来也颇为费劲。看来大佬不愧是大佬，排泄物都这么“霸气”。

<table>
<tr><td colspan="5">夜鹭</td></tr>
<tr><td colspan="5">Nycticorax nycticorax</td></tr>
<tr><td>鹈形目</td><td>鹭科</td><td>夜鹭属</td><td>留鸟</td><td>体长约 60 厘米</td></tr>
</table>

很多人看到在水中游泳的黑水鸡，都会以为它们是野鸭，但其实它既不是鸭也不是鸡。在动物学分类里，黑水鸡和鹤类亲缘关系更近。可能因为黑水鸡长得像还没长大的鸡，有着鲜红的额甲和尖尖的嘴巴，又披一身黑中间白的羽毛，所以就得了黑水鸡这个名字。

黑水鸡过着惬意的生活，每天优哉游哉地在水面上四处游荡觅食，

还会爬到连片的浮叶上，一边踱步一边找吃的。吃饱喝足了，它就站在浮叶或水面其他的突起物上，梳梳羽毛，晒晒太阳，悠然自得。黑水鸡的生活非常有仪式感，每天下午，它还会选择一个比较固定的时间和地点洗澡，看来对自己的颜值很有要求呀。

生活在野外的黑水鸡喜欢在临近芦苇和水草边的开阔深水面上游泳和潜水，一旦遇到人，它们会立刻游进苇丛或草丛，或潜入水中到远处再浮出水面。城市公园湖泊中的黑水鸡，就不像野外的同类那样怕人了，但突然受到惊吓它们还是会惊慌地在水里扑动翅膀，助跑几步后，低低地掠过水面，飞向远方。不过它们不会飞得太远，很快就落入水面或水草丛中，继续慢悠悠地觅食。

黑水鸡们在湖里朝夕相处，总不免会为了争夺食物或配偶而起各种争执，脚蹬、翅扇、嘴啄，很快就能分出胜负，随着败方远遁，水面很快又恢复平静。

黑水鸡				
Gallinula chloropus				
鹤形目	秧鸡科	黑水鸡属	留鸟	体长约 31 厘米

范成大在《姑恶诗》诗序曰："姑恶，水禽，以其声得名。世传姑虐其妇，妇死所化。"其中所说的"姑恶"应该就是现在的"苦恶鸟"。相传这种鸟为一个苦媳妇所化，她被恶家姑折磨虐待而死，化为怨鸟。因为这种鸟胸部有着洁白的羽毛，所以有了"白胸苦恶鸟"的全名。

其实白胸苦恶鸟会彻夜不休地发出类似“苦恶、苦恶”的声音，只是因为属于它们的“求爱的季节”来临了。白胸苦恶鸟喜欢藏在隐秘的芦苇或草丛里，不断地发出鸣声来让异性知道自己的位置。而且鸣声越响亮、越持久，越容易得到异性的青睐。但因为这“苦恶、苦恶”的鸣声听上去有一种苦涩的感觉，所以，这求爱的信号被编织成了凄苦的故事。

白胸苦恶鸟披着一件暗石板灰的外套，有着长长的双腿和大大的脚趾，腿与脚都是黄褐色，雌雄同型。由于进化的原因，白胸苦恶鸟只留下了一对短圆的翅膀，这样的翅膀只是偶尔飞跃一些沟壑，已经不适合远距离飞行。

白胸苦恶鸟				
Amaurornis phoenicurus				
鹤形目	秧鸡科	苦恶鸟属	留鸟	体长约 33 厘米

我国民间一直将喜鹊作为吉祥的象征。牛郎织女“鹊桥相会”的神话故事，延续至今。清代陈世熙《开元天宝遗事》中写道：“时人之家，闻鹊声，皆为喜兆，故谓灵鹊报喜。”喜鹊“喳喳喳喳”的叫声，意味着喜事到家了。

“画鹊兆喜”的风俗也大为流行，古人将喜鹊入画，留下了很多吉祥寓意的报喜图。如两只鹊儿面对面叫“喜相逢”；双鹊中加一枚古钱叫“喜在眼前”；喜鹊站在梅花枝头叫“喜上眉梢”……

喜鹊的确招人喜爱，黑白相间的羽毛，一双美丽的翅膀，两只灵巧的小爪，既能蹦蹦跳跳，又能高空飞翔，还有清脆的叫声，听来让人赏心悦耳。喜鹊是“一夫一妻”制，雌雄一旦结合，便为终身伴侣。这份忠诚也是喜鹊备受人们喜爱的原因之一吧。

喜鹊还是善于筑巢的鸟，《诗经》记载：“维鹊有巢，维鸠居之。”意思是喜鹊筑巢，斑鸠占住。不过斑鸠占住的，都是喜鹊不住的“二手房”罢了。喜鹊筑巢有严格分工，搭窝叼树枝是雄鸟的事，内部装修是雌鸟的事。喜鹊巢看上去粗糙，其实是个建筑精品，间架结构紧密，衔接如同卯榫有度，即便有五六级大风，也不会被摧毁。如此精工细作的喜鹊巢，难怪需用时近四个月来搭建。

人们对喜鹊保护有加，其实喜鹊在动物界可不是什么善茬。喜鹊智商高、性情暴躁，还深知团结合作的重要性，反抗能力极强，就是面对鹰隼它们也毫不惧怕，真可谓是“艺高鸟胆大”的代表。

喜鹊				
Pica serica				
雀形目	鸦科	喜鹊属	留鸟	体长约 45 厘米

乍听“灰喜鹊”这个名字，很多人会以为它是“灰色的喜鹊”，其实不然。灰喜鹊和喜鹊名字仅一字之差，却分属雀形目鸦科的不同属，是两种完全不同的鸟类。

从外形上来看，灰喜鹊和喜鹊都拥有长长的尾巴、黑

色的脑袋、白色的肚子，但灰喜鹊的体形要小于喜鹊，蹦跶起来比喜鹊更加轻盈和灵活。它们在体色上的差别则更为明显，喜鹊为黑白两色，羽毛在阳光下闪着金属光泽；而灰喜鹊羽毛大多是以灰色为主，蓝灰色的翅膀和尾巴给它增加了几分英气。

灰喜鹊是我国最著名的益鸟之一，虽然是一种杂食性鸟类，但它最主要的食物还是昆虫，特别是对很多树木会造成危害的松毛虫。灰喜鹊和喜鹊一样，是极具攻击性的鸟类，一旦发现有入侵者，灰喜鹊那战斗力让猛禽都望而却步，它们不仅会攻击侵犯其领域的其他鸟类，还会攻击宠物猫狗，甚至是路人。灰喜鹊还是一支种内互助团结友爱的队伍，所以千万不要试图去接近它们的鸟巢，否则很容易被这群“鸟多势众”的暴躁家伙当成入侵的敌人加以骚扰和围攻。虽然惹不起，但躲得起！

灰喜鹊				
Cyanopica cyanus				
雀形目	鸦科	灰喜鹊属	留鸟	体长约 35 厘米

在公园的草坪上常会看到一种黑色的小鸟，它们时不时跳起来把头扎进草丛里觅食，身型比乌鸦小一圈，像鸦又不是鸦。这种古灵精怪的小鸟就是乌鸫。雄鸟体羽黑黝黝，金色眼圈和黄色喙是身上不多的亮色。雌鸟的颜色没有雄鸟那么黑，体羽接近褐色。

鸟也不可貌相，虽然乌鸫长相低调，但它的叫声非常独特，嘹亮婉转又变化多端，能模仿数十种鸟类的鸣叫声，因此得名“百舌鸟”，是鸟类中名副其实的“巧歌手”。早春时节，单身的雄鸟常以它悠扬的歌声求偶。慕声而至的雌鸟，会在离雄鸟数米的地方，微微地展开翅膀；此时雄鸟也会停止鸣唱，微微地张开双膀，双方算是情投意合了。配对后的乌鸫就在一起生活，前后相随，形影不离。

乌鸫对人不甚畏惧，在觅食时，见到人也只是急驰一小段后，停下观察，遇有危险，才掠地而飞。但乌鸫其实是一种比较记仇的鸟，要是你不小心让它感觉到了威胁，特别是对幼鸟的威胁，那它会毫不犹豫地向你发动物理 + 化学攻击——“泄愤（粪）”。这大概也是为什么《愤怒的小鸟》里的炸弹鸟是以乌鸫为原型的吧。

乌鸫（dōng）				
Turdus mandarinus				
雀形目	鸫科	鸫属	留鸟	体长约 29 厘米

远东山雀

Parus minor

雀形目	山雀科	山雀属	留鸟	体长约 14 厘米

在公园、广场、小树林里，常能见到远东山雀这个小萌货。它们活泼大胆，行动敏捷，常在树枝间穿梭跳跃，从一棵树飞到另一棵树上，边飞边叫，略呈波浪状。远东山雀不怕人，有时坐在湖边的长椅上，这小家伙会在你头顶唱歌，或者在你的脚边跳跃。

远东山雀比较容易辨认，它的头是黑色的，两颊有两块扇形的白斑，从下巴到腹部有一条黑色的色带，就像是绅士的领带，背部以青灰色为主色调，背部上端微带黄绿色。雌鸟和雄鸟的区别是雄鸟胸前的“领带”要比雌鸟宽，绅士嘛。在育雏期间，幼鸟的叫声会非常急促，这会刺激父母更多地出去觅食，远东山雀非常勤劳，据统计它们每天会飞出鸟巢上百次为宝宝们获取食物。

远东山雀的食物里绝大部分是昆虫，为保护树木的健康立下了很大的功劳，和啄木鸟一样，也是当之无愧的“树木医生”。它们不仅在城市里常见，在山野更多。远东山雀生来不是供人类愉悦的，而是生态系统中不可或缺的一部分，所以我们要好好保护它们，而不是企图圈养取悦。

俗名小红头、小老虎、红宝宝儿的红头长尾山雀，体型小巧、美丽可爱。世界上最小的鸟是蜂鸟，而红头长尾山雀属于中国最小的鸟种。红头长尾山雀雌雄羽色相似，棕红的头顶好似小红帽；黑色的眼线和耳羽有如大眼罩；喉部

还有一撮“黑胡须”，既滑稽又可爱。

红头长尾山雀喜欢栖息于山地森林和灌木林间，也常见于果园、茶园等人类居住地附近的小林内。有时候能在城市中心的湿地公园里觅得它的一抹美妙身影，也是一种幸运。红头长尾山雀性情活泼，永远充满了朝气，总是十几只或几十只成群活动。它们常从一棵树突然飞至另一树，不停地在枝叶间跳跃或来回飞翔觅食，边取食边不停地鸣叫，叫声低弱，似“吱吱吱”，有趣至极。

红头长尾山雀喜欢把巢筑在柏树上，椭圆形的鸟巢，精巧细致，巢内垫有羽毛，有的巢口还用锦鸡毛作檐。看来红头长尾山雀对颜值和舒适度的要求都很高呢。每年2月到6月间是它们的繁殖期，亲鸟就在自己精心搭建的鸟巢内共同育养幼鸟。

<table>
<tr><td colspan="5">红头长尾山雀</td></tr>
<tr><td colspan="5">Aegithalos concinnus</td></tr>
<tr><td>雀形目</td><td>长尾山雀科</td><td>长尾山雀属</td><td>留鸟</td><td>体长约10厘米</td></tr>
</table>

黑尾蜡嘴雀

Eophona migratoria

雀形目	燕雀科	蜡嘴雀属	留鸟	体长约 17 厘米

黑尾蜡嘴雀的嘴巴似黄蜡所制，故名“蜡嘴”，雌雄异型异色，雄性又名皂儿，雌性又名灰儿。雄性整个头部像戴着一个黑色头罩，从枕部开始，体羽颜色变为褐灰色，从上背和肩部方向开始羽色逐渐加深。而从腰部开始，羽色又转趋灰色。雌性头部没有雄性那样的黑色头罩，整个头部和上体颜色均一变化平缓。

乌桕树上、落羽杉上、重阳木上……常常能见到黑尾蜡嘴雀的身影，它们总是成群出动，在高大的乔木或行道树间来回移动。因为有着特别结实的喙，黑尾蜡嘴雀吃东西特别麻利，它们非常喜欢咬碎果壳取食种子，比如乌桕的白果子、池杉的果子等。贪吃状态下的黑尾蜡嘴雀旁若无人。虽然听不到它们嗑开外壳嘎嘣脆的声音，但只要想想一群黑尾蜡嘴雀边“嗑瓜子”边“唠嗑”的场景，就让人忍俊不禁。

黑尾蜡嘴雀会把巢搭建在接近人类活动的中等高度的树枝上，巢为深杯形，巢壁为平滑的圆形，巢的外层以毛发、嫩枝、软根等柔软材料纠结而成，内层则用蛛网、软泥、软草等材料精心密结而成，真是非常讲究生活品质呀。

乍听之下，可能你会好奇：白头鹎是一种什么鸟？其实它还有另一个名字叫“白头翁”。“原来是它呀！”你一定会恍然大悟。

白头鹎是一种在城市里极为常见的鸟，它头顶雪白的羽毛，配上坚挺的尾巴，很是精神抖擞。民间因其白头，称它为“白头翁鸟”，

寓长寿之意，也以“白头翁”寓意夫妻恩爱、白头到老。白头鹎幼鸟的头顶并不是白色的，只是随着年龄的增长，头部的白色羽毛会越来越多，这一点倒是和我们人类相似。在繁殖季，白头鹎头部的白色羽毛要多于其他季节，所以这“白头”可能是吸引异性的装饰。

无论花开花落，叶绿叶黄，白头鹎都是那样的快乐和忙碌，它们或是在树枝条上停歇，腾空飞起捕捉小飞虫；或是在树冠顶端显眼的地方鸣唱；或是在公园的绿地上追逐打闹……白头鹎是清晨小区里叫得最欢的鸟类之一，它的声音清脆悦耳，还得了个“歌唱家”的美誉呢。

平时以昆虫为食的白头鹎，到了春夏时节，还爱吃各种鲜花；不仅自己吃，还喂给刚出巢的幼鸟吃。梅花、油菜花、樱花……都能成为它们的鲜花大餐，真是颇得苏州人“不令不食”的精髓啊。

白头鹎（bēi）				
Pycnonotus sinensis				
雀形目	鹎科	鹎属	留鸟	体长约 18 厘米

棕背伯劳

Lanius schach

雀形目	伯劳科	伯劳属	留鸟	体长约 25 厘米

《乐府诗集·东飞伯劳歌》中有“东飞伯劳西飞燕，黄姑织女时相见”的描述，比喻离别的凄楚。这也是成语“劳燕分飞”的由来，这里的劳，就是指伯劳一类的鸟了。

伯劳家族中最擅长模仿其他鸟类鸣叫的是棕背伯劳，它常站在树顶端枝头高声鸣叫，并能模仿红嘴相思鸟、黄鹂等其他鸟类的鸣叫声，鸣声悠扬、婉转悦耳。有时棕背伯劳会边鸣唱边从树顶端向空中飞出数米，快速地扇动两翅，然后又停落到原处。至于为什么要模仿，还没有确切的说法，可能只有它们自己知道了。

棕背伯劳的头部及眼部为黑色环绕，酷似电影中的义侠佐罗，自信帅气。它的头比较大，背部为棕红色，长长的黑尾优雅迷人。当看到人或情绪激动时，尾巴常常会向两边不停地摆动。棕背伯劳雌雄鸟会终年共同守护着一片属于自己的领域，而且不会随季节转变而更换，真是专情得很。

棕背伯劳性情凶猛，嘴爪均强健有力，善于捕食昆虫、鸟类及其他动物，甚至能击杀比自己大的鸟类。杀死猎物后，棕背伯劳会非常“变态”地将猎物挂在荆棘的刺或者铁丝网的尖上，慢慢地将食物撕碎。猎物被慢慢风干，就像人类晾晒的腊肉，可以留着慢慢吃。因为这种凶残的习性，伯劳又被称为“屠夫鸟”。事实上这种保存猎物的方式，在鸟类中属于高级技能，非常利于哺育后代及越冬。

歌曲《一个真实的故事》里讲述的那个为救助受伤的丹顶鹤而献身的女孩，名叫徐秀娟，她曾经写过一篇散文《灰椋鸟》，现在已被编入了苏教版小学语文课本。这篇文章描绘了灰椋鸟归林时的壮观景色："它们大都是整群整群地列队飞行。有的排成数百米长的长队，有的围成一个巨大的椭圆形，一批一批，浩浩荡荡地从我们头顶飞过。"

作为跟八哥同属一科的鸟类，嘈杂和结群是它们的代名词，结小群的时候只是叽叽喳喳，结大群的时候则是呼啦啦，如果是清晨和傍晚，说不定还可以看到成千上万只丝光椋鸟、灰椋鸟集结从天空中飞过。

灰椋鸟别名高粱头、竹雀、熏铁鸟等，它长着尖尖的嘴、灰灰的背，羽毛大部分灰褐色，头顶和后颈黑色，前额和头侧白色，带有黑纹，喉和上胸灰黑色，远远望去显得黑乎乎的。

灰椋鸟栖息于平原或山区的稀树地带。除繁殖期成对活动外，其他时候多成群活动。它们常在草甸、河谷、农田等潮湿地上觅食，休息时多栖于电线上、电柱上和树木枯枝上。灰椋鸟常整群飞行，飞行迅速，并有波状起伏，鸣声低微而单调。当一只灰椋鸟受惊起飞，其他的都会纷纷响应，整群而起。作为一种杂食性鸟类，灰椋鸟夏季大都捕取虫、蚱蜢和其他昆虫及其幼虫等为食，在冬季则主要啄吃野生植物的果实和种子。

灰椋（liáng）鸟				
Spodiopsar cineraceus				
雀形目	椋鸟科	椋鸟属	留鸟	体长约 24 厘米

和灰椋鸟一样，丝光椋鸟也是一种喜欢结群的鸟，除繁殖期成对活动外，通常情况下，在春夏季时它们爱以小群活动，到了秋冬季，则喜欢集结成大群外出觅食与栖息。迁徙时，丝光椋鸟会和其他越冬的鸟集为成千上万的鸟群，场面颇为壮观。

丝光椋鸟嘴朱红色，脚橙黄色。雄鸟头部颜色偏白，雌鸟头部是偏灰色。雄鸟颈背部的羽毛呈丝状，这正是它

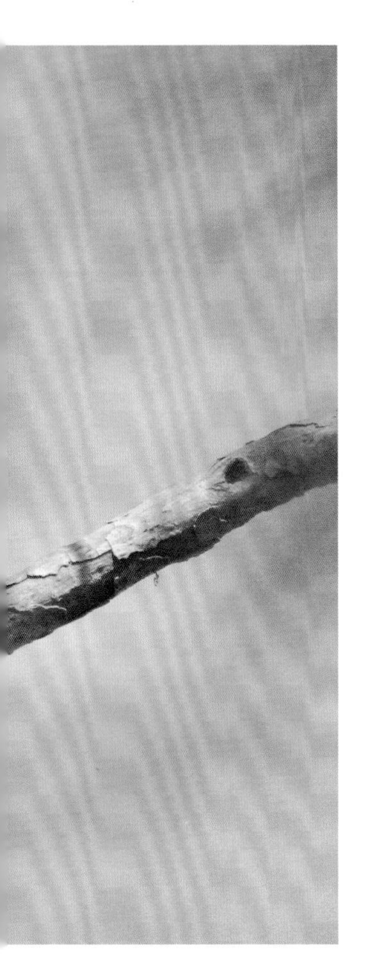

名字的由来。雄鸟背深灰色，胸灰色，往后慢慢变淡，翅膀和尾巴则为黑色。

丝光椋鸟通常主要以昆虫为食，但在食物相对匮乏的秋冬季节，则多以常绿树的果实为食。它们好像特别爱吃樟树的果实，会先飞到樟树上囫囵吞枣一番，一股脑儿地将肚子塞得饱饱，然后飞到僻静处，将一粒粒的香樟籽反刍出来，将其果肉吃进肚中，而把果核吐出来。

聪明的丝光椋鸟懂得节省体力，会在阔叶树的天然树洞或啄木鸟废弃的树洞里筑巢，还会利用废弃建筑物的空洞或人工巢箱筑巢。鸟巢呈碗状，主要由枯草茎、枯草叶、草根等材料构成，里面垫有羽毛和细草茎。如果你总是看见丝光椋鸟频繁地钻进钻出鸟巢，那是它们在给雏鸟喂食，雏鸟晚成性，亲鸟会共同养育幼鸟。

丝光椋鸟				
Spodiopsar sericeus				
雀形目	椋鸟科	椋鸟属	留鸟	体长约 24 厘米

八哥

Acridotheres cristatellus

雀形目	椋鸟科	八哥属	留鸟	体长约 28 厘米

八哥，是我们非常熟悉的一种鸟类。它善于模仿其他鸟类的鸣叫，也能模仿简单的人语，自古以来就被人类作为宠物饲养，这极大地危害了这种野生鸟类的生存。

八哥通体黑色，头颈部的羽毛，黑色中又带着点绿色的金属光泽；前额有长而竖直的羽簇，有如冠状。飞行时，两个翅膀中央有明显的白斑，从下方仰视，两块白斑呈“八”字形，这是八哥名字的由来。这两块白斑与黑色的体羽形成鲜明的对比也是八哥的一个重要辨识特征。

八哥性格活泼，喜欢结群，常集结于大树上，或成行站在屋脊上。黄昏时，它们常组成大群翔舞空中，噪鸣片刻后在竹林、大树或芦苇丛中栖息。八哥食性很杂，它们常在翻耕过的农地里觅食，或站在牛、猪等家畜背上啄食寄生虫，也会吃各种植物和种子。八哥一般会在树洞、建筑物洞穴中筑巢，有时也会利用喜鹊或黑领椋鸟的弃巢，它们的巢穴没有固定的形状，里面只是简单地铺上一些草根、草茎、羽毛、藤条等。

纯色山鹪（jiāo）莺

Prinia inornata

雀形目	扇尾莺科	椋鸟属	留鸟	体长约 28 厘米

纯色山鹪莺是一种非常灵巧活泼的鸟，不是很怕人，喜欢栖息于芦苇、灌木中。它的尾巴特别长，几乎是整个身子的一半以上。非繁殖期的时候，纯色山鹪莺从头顶部到背部都是褐色，所以又叫褐头鹪莺。

朝听啼叫，暮看归巢，无拘无束的小鸟生命的跃动是最吸引人的。纯色山鹪莺鸣叫声嘹亮清脆，且歌且舞不知疲倦。春日里，这样的场景充满了快乐欣喜。纯色山鹪莺还有一个特别的技能，就是叼着虫子照样唱歌，丝毫不会跑调。这应该是让很多人羡慕的一个绝活吧。

纯色山鹪莺可谓天生的建筑师，为了打造爱巢，迎接新生命的到来，它们每天不遗余力地进行爱巢的施工建设，从选材、拉丝、钻孔、结网、铺设，总是一丝不苟，并且乐此不疲。纯色山鹪莺憧憬着美好未来的样子，让人动容。

—个圆嘟嘟的身体加上一双圆嘟嘟的“豆豆”眼，棕头鸦雀看起来蠢萌蠢萌的。棕头鸦雀通体棕色，雌雄羽色相似，体长只有大概12厘米，尾羽却占到体长的一半，看上去

就像是一个小球拖着一条长尾巴。因为球形身材和羽毛颜色，在民间它得了小名“驴粪球儿”，有的地方叫它“小老鼠”。

棕头鸦雀由于体型较小，身躯轻盈，其跑、跳、飞等动作速度都非常快。它生性活泼而大胆，不甚怕人，常能在果园、庭院或苗圃中见到，或在灌木或小树枝叶间攀缘跳跃，或从一棵树飞向另一棵树，边跳边叫或边飞边叫，鸣声嘈杂，鸟未见、声先闻。

棕头鸦雀的巢穴一般建在低矮的灌木上或竹林、芦苇的中下部，呈杯状，用草茎、草叶、竹叶、树叶、须根等材料编制而成，里面垫上细草茎、棕丝和须根。

养育幼鸟期间，一对亲鸟往来奔波忙碌，有时一小时内喂食十多次，常疲惫得无暇梳妆，真是可怜天下父母心。

棕头鸦雀				
Sinosuthora webbiana				
雀形目	莺鹛科	鸦雀属	留鸟	体长约 12 厘米

鹊鸲，在苏州应该算是最容易看到的鸟儿之一，在湿地公园、河岸绿化带和许多居民区内常常能见到它们的身影，或低头觅食，或仰天歌唱，或彼此应答……

因其羽色主要为黑白两色，因此鹊鸲常被错认成喜鹊，实际上这两种鸟体型大小悬殊，而且嘴型、鸣声、习性、生境都相差甚远。鹊鸲雄鸟上体大都蓝黑色，翅膀上有白斑；雌鸟则以暗灰色取代雄鸟的黑色部分，幼鸟羽色接近雌鸟。鹊鸲在觅食时，尾羽常常一翘一翘，有时甚至高高翘到背上，这算是鹊鸲的一个招牌动作了。

鹊鸲活泼好动，近人不惧，清晨常常高踞树梢或房顶鸣叫，鸣声婉转多变，悦耳动听，并能模仿其他鸟类的鸣声。不仅雄鸟因求偶善于鸣唱，雌鸟也会短唱几句回应雄鸟。最有趣的是，鹊鸲还是一个聪明的“开放式的歌曲学习者”。

同一只鹊鸲鸣唱歌曲的曲目多年里各不相同；生活在城市与乡村的鹊鸲鸣唱曲调也不同。

一日之晨，若是闻鹊鸲鸣唱，会被认为是吉兆，因此鹊鸲在我国民间有“四喜儿”之别称。“久旱逢甘雨，他乡遇故知，洞房花烛夜，金榜题名时”，用人生最快意的四件喜事来喻鸟，可见国人对鹊鸲之喜爱有加。

鹊鸲（qú）				
Copsychus saularis				
雀形目	鹟科	鹊鸲属	留鸟	体长约 20 厘米

鲁迅先生在《从百草园到三味书屋》中提到："白颊的'张飞鸟'，性子很躁，养不过夜的。"所谓的"张飞鸟"就是白鹡鸰本尊了。

白鹡鸰有着黑白相间的羽毛，并且胸前有一片黑色的"胸毛"。因其形似舞台上张飞的脸谱，所以江浙一带的人称它

为"张飞鸟"。它们体型不大，而且很轻盈，有着两条小细腿。白鹡鸰常一边飞一边鸣叫，声音清脆响亮，鸣叫声似"ji-ling"，这应该就是它名字的由来。

在水边或水域附近的农田、草地等处，随处可见白鹡鸰成对或小群活动，它们觅食时或在地上慢步行走，或是跑动捕食，长长的尾巴经常会不停上下摆动。飞行时呈波浪式前进，在空中也能捕食昆虫。

白鹡鸰还有泡澡的习惯，在河边浅滩、水沟等地方都可以看到它们泡澡的身影。看来白鹡鸰好像特别喜欢在水里彻底清洗和反省自己，然后一跃而起，迎接新的生活。

<table>
<tr><td colspan="5">白鹡(jī)鸰(líng)</td></tr>
<tr><td colspan="5">Motacilla alba</td></tr>
<tr><td>雀形目</td><td>鹡鸰科</td><td>鹡鸰属</td><td>留鸟</td><td>体长约 20 厘米</td></tr>
</table>

麻雀

Passer montanus				
雀形目	雀科	麻雀属	留鸟	体长约 14 厘米

麻雀几乎是每个人都认识的一种鸟，从城市到乡下，从田间到地头，无处不在。只要有人生活的地方，就有它们的身影。麻雀一天到晚忙忙叨叨，电线上、屋顶上还有窗台前都是它们聚会的地方。每次看到这种场景，就会想起周杰伦《七里香》中的那句歌词“窗外的麻雀，在电线杆上多嘴”。

虽然给人的印象总是灰头土脸的样子，但仔细端详，我们最熟悉的这种小鸟还是挺俊俏的：头顶棕褐色，白色的脸颊上有一个黑色的斑块，身披近棕褐色带黑斑的羽衣。因为过于常见，很多人都忽略了它也是我们人类最亲近的野生鸟类。

作为最依赖人类的鸟儿，麻雀能利用人类所能“提供”的所有条件筑巢。它们可以利用墙缝、房檐下的孔洞、倒塌的屋舍空间，甚至废弃的烟筒等做巢，还可以将巢筑在房前屋后的树洞里。就这一项，使麻雀具备了超强的繁殖适应能力。

麻雀性格活泼，好奇心也比较强，但警惕性非常高。小朋友或老人从身边经过时，它们通常会继续在地面吃食，但如果是青壮年走过，有时还未走近它们便飞走了。麻雀就像一个陪伴在我们身边的活泼可爱的淘气鬼，起床后听到的第一声鸟鸣，绝大多数就是来自房前屋后的麻雀。

以前因为麻雀会吃粮食而被认为是“害鸟”。后来的研究证明，一只麻雀吃掉的害虫，足以换回它所吃的粮食。所以麻雀在森林虫害防控中，确实发挥了重要作用。

山椒鸟属多数种类的雄鸟黑红相间，雌鸟淡黄与灰色相间。跟其他山椒鸟一样，灰喉山椒鸟雌雄鸟的颜色区别也很大。雄鸟除前额、头顶、上背灰黑，喉部灰色外，体羽大部分呈鲜艳的橙红色，墨黑的中央尾羽的周边像镶着橙红色的花边一样，

煞是醒目。雌鸟的颜色以黄为主，用嫩黄代替了雄鸟羽毛的红色部分，其他部位的颜色和特征则与雄鸟大体相同。

灰喉山椒鸟的体态非常优美，它的尾羽很长，在枝条上站立时，身体尤其显得挺拔修长。灰喉山椒鸟有个明显的翼斑，就像用扁头笔写出的“7”字，这让它区别于其他的山椒鸟。

灰喉山椒鸟常小群活动，有时也会和赤红山椒鸟混杂在一起。它们的飞行姿势优美，常边飞边叫，叫声尖细，声音单调，第一音节缓慢而长，随之为急促的短音或双音。灰喉山椒鸟喜欢在疏林和林缘地带的乔木上活动，觅食也多在树上，很少到地上活动。树丛中或红或黄的灰喉山椒鸟就像野山椒一样，挂满枝头，非常亮丽。

灰喉山椒鸟				
Pericrocotus solaris				
雀形目	鹃鵙科	山椒鸟属	留鸟	体长约 17 厘米

赤红山椒鸟

Pericrocotus speciosus

雀形目	山椒鸟科	山椒鸟属	留鸟	体长约 19 厘米

赤红山椒鸟又名红十字鸟，主要是因为它的翅膀上有一灰白色斜带，展开时与下体灰白色成十字而得名。

作为一种非常具有中国特色的鸟类，赤红山椒鸟雄鸟红黑相间的羽毛配色使其在远观时如火焰一般耀眼，当它们在空中打开翅膀、翩翩起舞的时候，就好像是跳跃着的一簇小火苗，非常漂亮、喜庆！赤红山椒鸟雌鸟的羽色黑黄相间，比起雄鸟来黯淡了些。

赤红山椒鸟性格活泼，常常成群分散活动在树冠层，很少停息。当它们要从一树向另一树转移时，常由一鸟领头先飞，其余相继跟着飞走，边飞边叫，叫声单调而尖细。赤红山椒鸟一般就在树冠层枝叶间或树枝上觅食，也会在空中飞翔捕食。

赤红山椒鸟主要以昆虫为食，偶尔也吃少量植物种子。纤小的身材使得它们面对猎食者显得十分弱小，而且过于显眼的体色也不利于它们隐藏行迹。好在从适应环境能力这个角度而言，这个幼小的生灵算得上是先进而强大的，虽然个体的实力非常有限，但是作为山椒鸟科一员，它们相对聪明的头脑以及强大的繁殖能力还是使它们拥有了自己的江湖地位。

2019 年 12 月，一只赤红山椒鸟在无锡被鸟友拍到，这是江苏省首次记录，一个月后同里湿地公园发现的赤红山椒鸟是省内第二次记录，也是苏州市 2020 年第一笔鸟类新记录。

“百啭千声随意移，山花红紫树高低。始知锁向金笼听，不及林间自在啼。”

这是北宋文学家欧阳修的诗作《画眉鸟》。画眉善鸣唱，歌声婉转动听，在那百花齐放树木高低有致的山间回荡着，相比“笼中鸟”真是自由自在，随心所欲。

画眉全身棕褐色，眼圈白色，眼后有一道狭窄的白眉纹。这种鸟叫声悦耳，雄鸟尤其善唱，鸣声悠扬变化，尾音略似“如意如意”，十分吉祥。

它们生性机敏而胆怯，终年较固定地生活在一个区域内，常在林下的草丛中觅食，不善作远距离飞翔。画眉是重要的农林益鸟，主要以捕捉农林害虫为食，不过它们食性较杂，也吃草籽、野果等食物。

每年清明至夏至期间是画眉的繁殖季节。它们择偶配对之后，通常以“小家庭”为单位分散活动，寻找合适的地方筑巢。画眉每窝产卵 3—5 枚，卵呈椭圆形，浅蓝或天蓝色，晶莹美丽，带褐色斑点。雏鸟 25 天左右离巢，待两个月的“换羽”阶段结束后，便开始独立生活了。

画眉				
Garrulax canorus				
雀形目	噪鹛科	噪鹛属	留鸟	体长约 22 厘米

暗绿绣眼鸟，也叫“绣眼儿”，是一种体型娇小的鸟类。其身体亮绿色，喉及尾下呈柠檬黄，腹部则为白，眼睛周围有一圈白色，很有个性。

这种鸟生性活泼，身手敏捷，喜在枝头穿飞跳跃，鸣声委婉动听，十分欢快。它们常单独、成对或小群活动，主要以昆虫为食，如金龟甲、蝗虫、螳螂、蚂蚁等，也常食松子、马桑子、黄莓等植物的果实和种子。

因长相小巧轻盈，性格又亲人乖巧，暗绿绣眼鸟极受人喜爱。它们常常欢乐得像个孩子，站时则头高、收身、勾尾，非常优雅。暗绿绣眼鸟还很爱干净，喜欢扑水洗澡，所以羽毛总是整齐靓丽的。

暗绿绣眼鸟的鸟巢呈吊篮状或杯状，主要由草茎、草叶、苔藓、树皮等构成，常垫有棕丝、羽毛、细根、草茎等。它们的鸟巢通常悬于细枝上，并以浓密的枝叶作为隐蔽，因此不易被发现。

<table>
<tr><td colspan="5">暗绿绣眼鸟</td></tr>
<tr><td colspan="5">Zosterops simplex</td></tr>
<tr><td>雀形目</td><td>绣眼鸟科</td><td>绣眼鸟属</td><td>留鸟</td><td>体长约 12 厘米</td></tr>
</table>

普通翠鸟

Alcedo atthis

佛法僧目	翠鸟科	翠鸟属	留鸟	体长约 15 厘米

普通翠鸟，又名“蓝翡翠”。它们的背羽呈亮蓝色，有着金属光泽，翅膀偏蓝绿，胸腹橙棕，脚朱红，与其蓝羽形成强烈的对比，这一身华丽的色彩着实让人眼前一亮。

“有意莲叶间，瞥然下高树。擘破得全鱼，一点翠光去。”

这种鸟生性孤独，时常独自栖息在水边的树枝或岩石上。它们十分擅长捕鱼，视力极佳，又长着长长的嘴，一旦发现水中小鱼，立即闪电般扎入水下用长嘴捕取猎物，动作迅猛似猎犬，因此又叫“鱼狗”或“鱼虎”。

普通翠鸟主要生活在水域，如水清而缓的小河或溪涧。它们通常在水域岸边或附近陡直的岩壁上掘洞为巢，洞口直径很小，约半掌，深半米多，洞末端则扩大约 15 厘米。繁殖期时，每窝产 5—7 枚近圆白色鸟蛋，光滑无斑，由双亲轮流孵化约三周。待到雏鸟孵出后，成长 20 多天就可以离巢飞翔了。

棕脸鹟（wēng）莺

Abroscopus albogulaeris

雀形目	柳莺科	鹟莺属	留鸟	体长约 10 厘米

棕脸鹟莺小巧可爱，活泼好动，鸣声清脆悦耳似银铃，喜爱在树丛间频繁穿梭跳跃，总是给人留下欢快的印象。

这种玲珑的小莺前额、头与颈两侧呈淡茶色，头顶棕色，两侧各有一条黑色纵纹，背与翅为黄橄榄绿色，上胸淡黄，腹部白色，整体颜色典雅，很有中国韵味。

棕脸鹟莺一般栖息于海拔 2500 米以下的阔叶林和竹林中，主要以毛虫、蚱蜢等昆虫和昆虫幼虫为食，是苏州较为常见的留鸟。

每年4月至6月是棕脸鹟莺的繁殖期，此时它们多单独或成对活动，常常将巢穴置于枯死的竹子洞中，内部垫有竹叶、苔藓或纤维。每窝通常产卵 3—6 枚，鸟蛋比鹌鹑蛋还小些，淡粉色，被有朱红或紫灰斑点。

黑翅鸢（yuān）				
Elanus caeruleus				
鹰形目	鹰科	黑翅鸢属	留鸟	体长约 30 厘米

黑翅鸢，又称“灰鹞子”，浑身羽色黑白分明，前额白色，到头顶逐渐变为灰色。其后颈、背肩、腰尾，均呈蓝灰色；脚黄色，嘴黑色；尾巴扁平较短，中间微凹。它的眼上方有黑斑，衬着一双血红色的眼睛，凌厉有神。

这种小型猛禽通常单独活动，主要以田鼠、昆虫、小鸟、野兔和爬行动物等为食。白天它们常在大树或电线杆上停留，当注意到地面有猎物经过时，会猛然俯冲下去捕食；或者是悄无声息地在天空盘旋、滑翔，待到发现猎物时再直冲过去抓捕。

它们常将巢筑在平原或丘陵地区高大的树木上。这些鸟巢由枯树枝搭成，松散而简陋，讲究些的有时往里铺垫少许细草根和草茎，但很多时候是空空如也的。黑翅鸢每窝产卵3—5枚，白色或淡黄色，被有深红或红褐色斑，由雌雄亲鸟轮流孵化大约25天。雏鸟出生后，经父母一个月的喂养就可以离巢飞翔了。

草鸮（xiāo）				
Tyto longmembris				
鸮形目	草鸮科	草鸮属	留鸟	体长约 35 厘米

草鸮是猫头鹰的一种，面盘灰棕色或白色，呈心形，四周有暗栗色边缘；一双深圆大眼；嘴黄褐色，嘴喙不尖。这么一张“非主流”形似猴子的脸，让草鸮得了个俗名“猴面鹰”。

虽然草鸮属于无生存危机的物种，但还是被列为国家二级保护野生动物。白天，草鸮躲在树林里养精蓄锐，有时隐藏在地面的高草中，有时也在树木顶部的树枝上栖息，眼睛几乎看不见任何东西。夜间就是草鸮的天下了，它们的头部可以自由地旋转 270 度，扩大了视觉器官和听觉器官的“扫描探测”范围。

草鸮主要以鼠类、蛙、蛇、鸟卵等为食，但它们好像对老鼠情有独钟，也是夜间捕鼠的高手。不论在空中飞翔，还是在树枝上“守株待鼠”，老鼠在地面活动时发出的微弱响声，草鸮都能听得一清二楚。它们全身羽毛柔软蓬松，飞行的时候无声无息，能安静捕捉猎物。性格凶猛、残暴的草鸮，抓到老鼠后，个小的整头吞食，对个大的老鼠则先啄食其头部，然后撕其身体，即使已经吃饱了，见到老鼠也仍不会放过。很有意思的是，草鸮还很会“计划生育”，一般来说，某一个地区老鼠多，该地区的草鸮每窝就会产较多的卵，反之则产较少的卵。

林雕又叫树鹰，是中型猛禽，常捕食鼠类、蛇、蜥蜴、蛙、雉类和小型鸟类，也掠食其他鸟类的卵及雏鸟。它是我国二级重点保护野生动物。

林雕几乎不会被误认——成鸟全身黑褐色，翅型独特（呈长而方型、根部更窄），飞翔时从下面看两翅宽长，其翼展长达164—178厘米，有7根羽毛极为明显。它的尾巴较长，尾上覆羽淡褐具白横斑，尾羽有不明显的灰褐色横斑。虹膜黄色，脚黄色；爪长且微具钩，与其他雕类有别。所以哪怕只是一个剪影，也能识别它的身份。

林雕常年栖息于海拔1000—2500米的山地常绿阔叶林内，所以在苏州属于偶见，2019年11月才在穹窿山首次被发现，近年又记录于吴中区西山、三山岛湿地公园等地。林雕是一种指示物种，它对栖息地的要求很高，这也显示了苏州物种丰富、生态优良。

林雕				
Ictinaetus malaiensis				
鹰形目	鹰科	林雕属	留鸟	体长约70厘米

等候的欣喜

大杜鹃

Cuculus canorus				
鹃形目	杜鹃科	杜鹃属	夏候鸟	体长约 32 厘米

“布谷、布谷……”初夏，湿地芦苇丛中就不停传来大杜鹃的鸣叫。这叫声像是催促农人赶快播种布谷，莫误农时。一直以来人们对大杜鹃分外喜欢，甚至传说它是古代蜀地的圣贤君主望帝魂魄所托，化而为鸟。唐代李商隐的《锦瑟》中就有“庄生晓梦迷蝴蝶，望帝春心托杜鹃”的诗句，大杜鹃可以说是鸟类中“人设”最成功的了。

大杜鹃其实是最常见的一种寄生性鸟类，它们不需要筑巢，也不需要自己孵卵，而是把卵产在别的鸟类的巢中，由养父母代为哺育后代，这样亲生父母就有更多的时间逍遥自在了。大杜鹃的寄主有很多，最重要的一个就是芦苇丛中的东方大苇莺，所以大杜鹃也总爱在芦苇丛边晃悠，寻找可乘之机，到东方大苇莺的巢中偷偷吃掉一颗蛋，再产下自己的蛋。它甚至会模仿东方大苇莺下的蛋，让自己的蛋在外形上与寄主的几乎相同。

继承了母亲“腹黑”血统的大杜鹃幼鸟，也是“心狠手辣”，它往往会第一个被孵化出来，出来后这个小家伙便会将其他鸟蛋甚至是刚出生不久的小鸟统统推到鸟巢外，只让鸟妈妈抚养它一个。

大杜鹃成功欺骗了其他鸟儿，自己却若无其事地唱着歌：“布谷，布谷……”“只是免费托管而已”，也许它心里是这么想的吧。

好在，大杜鹃并不是每一次都能够成功地欺骗其他鸟儿，它对其他鸟类种群造成的危害并不大。大杜鹃还是森林益鸟，因为它敢吃很多其他鸟类都不敢吃的害虫。

清晨和傍晚走在河边，总是能听到斑嘴鸭响亮的叫声，“嘎嘎嘎”，和家鸭的叫声区别不大。或许是受了惊扰，一只斑嘴鸭噗的一下，就飞了起来；紧跟着就飞起一大群，它们在天空聚集，向着另一边的田野飞去，那里是斑嘴鸭的另一个“游乐园”。

斑嘴鸭，貌不惊人，因为嘴上有与生俱来的斑块，就得了“斑嘴鸭”这个名字。追根溯源，斑嘴鸭是家鸭的祖先之一，它们雌雄相似，有着棕褐色体羽、棕白色眉纹和褐色贯眼纹。

苏州城区的湿地公园里，也常见斑嘴鸭的身影，它们在水中觅食、嬉戏，时不时地梳理羽毛，精心打扮一番。“春江水暖鸭先知”，喜欢干净的斑嘴鸭，一定是灵敏地觉察出了这里空气的香甜和水质的改良，才长久驻足在这片水域。在城市中心，人与鸟共同漫步漫游的场景，让人内心不由得荡起欣悦的微澜。

斑嘴鸭				
Anas zonorhyncha				
雁形目	鸭科	鸭属	冬候鸟	体长约 60 厘米

绿头鸭是我们身边最常见的野鸭子，它们是家鸭的祖先之一，早在战国时期，绿头鸭便在人类的驯化下部分变身为家鸭一族。

绿头鸭雄鸟的“绿头”是由有金属光泽的墨绿色羽毛组成的，这也是它名字的由来。“绿头”在阳光下绿油油的，灿烂得像一丛小草，非常容易辨认；但在照不到光的阴影里时，金属光泽反射不出来，远远看起来就黑乎乎的。绿头鸭雄鸟颈部还有一圈白环，完美隔开了头部的绿色和胸前的紫棕色。而这白色颈环与黑色卷曲成钩的尾羽相呼应，又显出与众不同的优雅。

在一年的大半段时间里，绿头鸭雄鸟都是头顶绿色的繁殖羽，但它还有几个月会换成跟雌鸟几乎完全一样的蚀羽，看起来难辨雌雄。但其实只要看到它明黄色的嘴，就能一眼把它从雌鸟中揪出来。

如果只有雌鸟，该如何分辨绿头鸭和其他鸭子呢？这时候就要靠翅膀上的“翼镜”了。每一种鸭子的翼镜颜色组成都不一样，同种鸭子的雌雄却都一样，因此可以凭借翼镜来判断种类。绿头鸭的翼镜是蓝色的，在飞行时尤其明显，所以只要看到蓝色“翼镜”，那便非“绿头鸭”莫属了。

绿头鸭不善潜水，却进化出“屁屁朝天”的钻水觅食代偿方式。一个猛子扎进水里，能够吃到多深的食物就主要靠自己脖子的长度了。

绿头鸭是“早恋主义者”，一般在头年 10 月，配好对的雄鸟和雌鸟便出双入对了，直到来年的春季。然而，繁殖开始后，雄鸟便一走了之，丢下雌鸟单独寻找适合的地方筑巢产卵繁殖，完全不参与雏鸟的哺育。

绿头鸭				
Anas platyrhynchos				
雁形目	鸭科	鸭属	冬候鸟	体长约 60 厘米

绿翅鸭是一种体型小、飞行快速的鸭类，雌雄异型。雄鸟的嘴黑色，头部栗色，眼部好像带着宽宽的“绿眼罩”，肩羽上有一道长长的白色条纹，显得很飒气；雌鸟则黯淡了许多，嘴黄褐色带黑色，体羽褐色斑驳，腹部色淡。绿翅鸭的绿

色翼镜在飞行时显而易见，可能这就是它得名的原因吧。

据说绿翅鸭是“素食爱好者”，最爱吃水生植物种子和鲜嫩多汁的叶子，当然偶尔也会吃个小昆虫打打牙祭。越冬期间，绿翅鸭常结成大群在湖泊、水库、江河、坝塘等水域活动觅食，也在水边草丛和稻田觅食。

在迁徙季节和冬季，绿翅鸭常常集百千只共同行动，有“排山倒海之势”。它们机警畏人，受惊时快速从水中飞起，形成大群转圈飞行，飞行疾速，敏捷而有力。飞行时头向前伸直，常呈直线或“V”字队形飞行。别看绿翅鸭飞行敏捷迅速，从水面起飞更是灵动，但它们在陆地上走路就极为呆愣，像小孩学步一样娇憨可爱。

绿翅鸭				
Anas crecca				
雁形目	鸭科	鸭属	冬候鸟	体长约 40 厘米

“渔人忽然站起来，拿竹篙向船舷上一抹，这些水鸟都扑扑地钻进水里去了。湖面上荡起一圈圈粼粼的波纹，无数浪花在夕阳的柔光中跳跃。”郑振铎先生笔下的“这些水鸟”，就是普通鸬鹚，俗称鱼鹰，是一种大家并不陌生的鸟类。

很久以前，人们就开始驯化鸬鹚捕鱼，新版的20元纸币背面的渔船上也有鸬鹚的影子。除了脸颊和喉部为白色外，鸬鹚通体为黑色，并带有金属光泽，这极易反光的黑色羽毛与波光粼粼的水面融为一体，很难一眼看出它们的身影。不过到了生殖季节，雄鸟的腰两侧会各长出一个三角形白斑，头部和颈部也会长出许多白色的丝状繁殖羽，如“一夜白头”般。

普通鸬鹚的脖子像一条长长的管道，里面有可以伸缩的喉囊，可以用来储存鱼虾，渔民就是利用它这个特点来捕鱼。只要勒住鸬鹚脖颈的底部，它就无法将鱼咽下去。“一只鸬鹚钻出水面，拍着翅膀跳上渔船，喉囊鼓鼓的。渔人一把抓住它的脖子，把吞进它喉囊的鱼挤了出来，又把它甩进水里。”

鸬鹚能通过喉囊储存食物，而鸬鹚妈妈也是通过喉囊来喂养小鸬鹚的。鸬鹚妈妈在水下捉到鱼后，会先储存在喉囊里再带到巢穴里，然后让小鸬鹚自己把头伸进妈妈的脖子里找吃的。

普通鸬鹚				
Phalacrocorax carbo				
鲣鸟目	鸬鹚科	鸬鹚属	冬候鸟	体长约90厘米

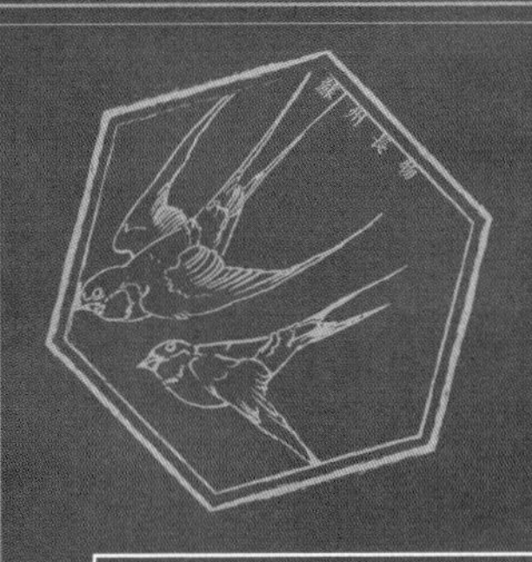

须浮鸥

Chlidonias hybrida

鸻形目	鸥科	浮鸥属	夏候鸟	体长约 25 厘米

夏季，经常会看到须浮鸥在东太湖上空盘旋。它们一会儿飞翔，一会儿俯冲到水面，叼住鱼儿，就马上飞向天空。须浮鸥是捕鱼能手，它们在空中就已经看到了水下的鱼儿，悬停后锁定目标，俯冲下去，肯定就有美味了。

须浮鸥在苏州是夏候鸟，所以我们一般看到的是它的夏羽，雄鸟和雌鸟羽色相似，前额黑色，好似戴了一顶黑帽子，胸腹深灰色，配上红嘴红脚，在逆光下甚是好看。

须浮鸥是名副其实的“极简主义者”，它们的窝巢简陋至极，就像漂在水面上的一堆草筏子，别说遮风避雨了，连自己下的蛋都半泡在水中。须浮鸥就在这样的家里孵化、抚养幼鸟。不过它这鸟巢，有个专业的名称“浮巢”，能随水面上升或下降，倒也是极有意思的。

每年6月至8月，是须浮鸥“生儿育女”的最佳月份，经过20天的孵化，雏鸟开始出壳。出壳时雏鸟必须靠自己啄壳，因此“出生”的过程显得特别漫长，前后共需要17个小时，真是努力奋斗的“一代鸟”。而且它们“乳臭未干”的时候，便会在水中游弋了。幼小的须浮鸥还不会飞翔，整天泡在水里，虽然“家境”恶劣，但对小须浮鸥来说，这就是最好的房子，也是最好的成长。

须浮鸥妈妈练就了一套高超的喂食技巧，即旋停于空中，像直升机一样，脚不沾地，将食物送进雏鸟嘴中，然后马不停蹄直接飞走。除了喂小宝宝，它们还要不断地衔回水草，修建家园，真是“累并快乐着”吧。

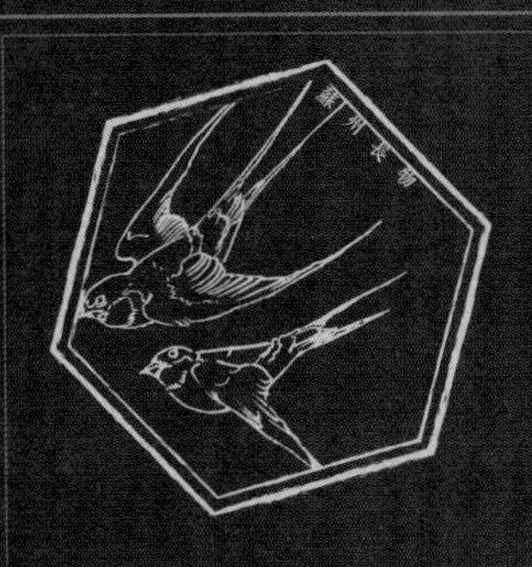

红嘴鸥				
Chroicocephalus ridibundus				
鸻形目	鸥科	浮鸥属	冬候鸟	体长约 40 厘米

红嘴鸥俗称“水鸽子”，嘴和脚都是鲜艳的红色，身体大部分的羽毛是灰白色，尾部的羽毛为黑色，对环境有着较高的敏感度和辨识力。一旦认定某地适合栖息，它们每年都会不约而同集群而来。红嘴鸥的到来，印证了苏州是人与自然和谐共生的家园。

如今，红嘴鸥已经成为很多苏州人每年的期盼，那灵动而美丽的精灵充满生机而又治愈。早已习惯了人们热情的红嘴鸥一点也不认生，它们会大胆地落在岸边的人行道上，悠闲地散步；也会徘徊在与水面相连的河岸缓坡，偶尔低头啄食；更爱站在水边的树上，看波光粼粼的水面反射出斑斓的光……

当然，和红嘴鸥的约定是需要双方一起守护的，我们在享受它们迷人身姿的同时，也要好好保护它们。红嘴鸥是以鱼虾、昆虫这些食物为主的野生动物，所以我们最好不要喂食馒头、面包之类的食物，否则它们营养吸收不够会影响生长。而且美丽可爱的红嘴鸥其实可能携带着病菌，对人类也有潜在的危险。

“爱我，但请保持距离！”距离才能产生美，一年一遇的约定才能长久。

"卧开桃李为谁妍，对立䴔䴖（jiāo jīng）相媚妩。"池鹭古名䴔䴖，在古人眼中是美好优秀的象征。后人称为池鹭，可能是因为它喜欢在稻田、池塘、沼泽、芦苇、荷花池边栖息和觅食。

相比于白鹭纤尘不染的美，池鹭是一种浪漫靓丽的美。它的头颈覆满深栗色光亮的羽毛，胸部紫酱色，背披黑灰色丝状蓑羽，两翼白色，

像穿着一件时尚的拼色外套。池鹭整个身躯比白鹭略小，更有一种小巧玲珑的美。不过到了冬天，池鹭就会脱去华丽的外衣，变得朴素自然。它们头颈背部的鲜艳，会变成褐色纵向斑纹线。是啊，平平淡淡也是一种美。

“鸡鹊波暖飏纹漪”，池鹭往水里一站，水仿佛就有了灵魂；“风荷珠露倾，惊起睡鸡鹊”，池鹭在荷上休憩，荷顿时诗意无限。捕食时，池鹭精于隐藏、潜伏，细长的黄嘴黑色的尖端，灵巧自然如一把铁钳，小鱼、青蛙、泥鳅、昆虫等都是它的美餐。遇到危险时，白鹭早已惊飞，池鹭却临危不惧、沉稳大胆，想必它有足够的信心和经验来应对险情。

池鹭喜欢把家建在河流附近的高大树木的树梢上。家里也很简陋，就是由树枝、枯枝、藤条等纵横杂乱交搭而成，也没有其他铺垫物。池鹭夫妇会轮流出去找树枝加固巢窝、轮流孵卵，它们换班出来的第一件事就是整理羽毛，看来对池鹭来说，个人形象是第一重要的呢。

池鹭				
Ardeola bacchus				
鹈形目	鹭科	池鹭属	夏候鸟	体长约50厘米

苍鹭又称灰鹭，与白鹭有些相似，从远处看时，很多人常常会疑惑是白鹭还是苍鹭。其实，它们的羽色相差巨大，白鹭就是白，而苍鹭则是暗灰色，羽毛的缝隙有时会露出一丝丝白，只有完全展开双翅时，背部和尾部才能露出一些白色的羽毛。

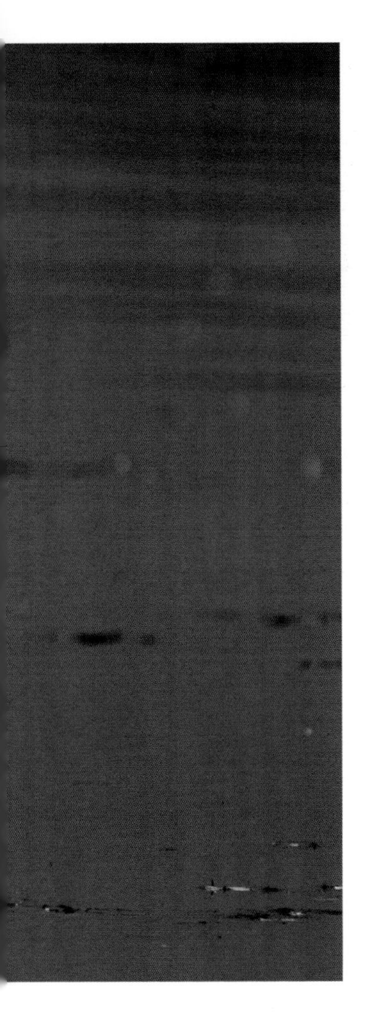

苍鹭羽毛的这种特点，让它成为摄影者的最爱之一，因为拍出来的照片不经多少修饰就能呈现出水墨画的韵味和风格。

苍鹭体态优雅，体型优美。飞行时，颈项后缩，与身体形成流线型，两脚向后伸直，远远拖于尾后。落地时，扇动两翼，降低落速，两腿微微弯曲，以缓冲落地时对身体的冲击。苍鹭性情温和，不像白鹭那么爱打爱闹，休息时的苍鹭总是长时间在水边站立不动，颈曲缩于两肩之间，一脚站立，另一脚缩于腹下，所以还得了个“老等”的俗称。

苍鹭捕食时很有耐心，肚子饿的时候，它会先捉一些小虫投放到水里作为诱饵，引来鱼儿后却不急于捕捉，而是等鱼儿扎成堆之后，再瞄准一条从它身边游过的鱼迅速叼住享用。苍鹭不贪食，几条鱼儿下肚后，它就会心满意足地悄悄离开，真是十足绅士的品格。

苍鹭				
Ardea cinerea				
鹈形目	鹭科	鹭属	冬候鸟	体长约 90 厘米

牛背鹭

Bubulcus coromandus

鹈形目	鹭科	牛背鹭属	夏候鸟	体长约 50 厘米

外号“放牛郎”的牛背鹭真不是浪得虚名，它们最喜欢站在牛背上啄食牛身上的寄生虫，或跟在耕田的牛后面寻觅翻耕出来的昆虫。站立在宽阔的牛背上，牛背鹭宛如一个翩翩白衣少年，以牛为坐骑，在田间漫步，画面和谐而唯美。

牛背鹭与耕牛之间的这种“亲密关系”，自农耕时代起，已有数千年的历史。牛背鹭的目的是为了饱餐一顿；而对牛来说，牛背鹭算是不请自来的免费除虫工。当然在自然界中，牛并不是牛背鹭的唯一“伴侣”，牛背鹭也会跟在其他家畜身旁转悠，如果没有家畜，它会选择和一些大型食草性野生动物待在一块儿。如今农田主要是机械化翻耕了，牛背鹭还会成群结队地跟着拖拉机跑，真是“与时俱进”的代表。

春夏季节，牛背鹭橙黄色的饰羽更为修长、蓬松，后背还有一撮丝状红羽（蓑羽）垂下来。嘴有三种颜色：尖端黄色，随后过渡为红色，基部淡紫色。这一时期的牛背鹭看上去神采夺目、气度不凡，它们又被称为“黄头鹭”。繁殖期过后，牛背鹭就会渐渐脱去瞩目的繁殖羽，嘴从三种颜色转变为单一的黄色，腿也从暗红色变为黑色。

武侠小说中的轻功高手往往有“登萍渡水、走鼓沾棉”的本事，现实生活之中，骨顶鸡也练就了这个相似的本领。本来开心游弋在湖中的小黑胖子，突然感受到危险的气息，于是双翅下压，凭借瞬间的冲力身体前倾，拍打翅膀，阔步踩水，夺水路狂奔逃到安全地带。骨顶鸡这个技能的施展全靠它的“特别装备”——脚趾两

侧特别的叶状瓣膜。这个装备让它既能够在水里游刃有余，还可以在水草上行走。

骨顶鸡体型较大，全身羽毛深黑灰色，脚黄绿色或灰黑色，尾巴很短。全身最显眼的莫过于它白色的嘴和额甲，所以也叫白骨顶。这块额甲可以说是骨顶鸡的身份证，通过额甲的形状它们可以相互识别，在繁殖季节这块额甲还肩负了求偶的任务。骨顶鸡雌雄相差不大，但雌性的额甲相对较小。

骨顶鸡喜欢在距离明水面较近的草丛中筑巢，在繁殖期，它们领域意识非常强，会经常相互争斗追打。在建产卵巢之前，它们还会建几个“炫耀台”，用于理羽、休息、交尾等活动。鸟类学家们还观察到骨顶鸡会偷偷溜到别的骨顶鸡家里去产卵，企图让别人替它们养孩子。但别的骨顶鸡也不傻，它们会想方设法减少被寄生的可能。

骨顶鸡				
Fulica atra				
鹤形目	秧鸡科	骨顶属	冬候鸟	体长约 40 厘米

初见扇尾沙锥，便觉得它很有趣，身体敦圆而壮硕，喙部细长，约为头部的两到三倍。尾部高翘，仿佛是为了平衡那长长的喙。尾羽扇尾沙锥外表朴实无华，羽色主要为深棕色，带着浅褐色的白色斑点和条纹。短短的褐色尾巴张开像一把扇子，故而得名“扇尾”。

扇尾沙锥喜欢在水中边走边食，或形单影只，或三五成群。当遇到干扰时，它们常就地蹲下不动，或疾速跑至附近草丛中隐蔽，头颈紧缩，长嘴紧贴胸前。危险临近时突然而起，直冲云际，并伴随着响亮的鸣叫声。扇尾沙锥飞行敏捷而疾速，飞行方向变换不定，常呈Z形曲折飞行。它们会在空中盘旋一圈后，才又急速冲入地上草丛。

在繁殖期，扇尾沙锥尤其喜欢富有植物和灌丛的开阔沼泽和湿地。凭借长长的喙，它们能在泥泞的浅滩轻松找到食物，比如蜗牛、甲壳类动物以及一些植物的种子等。扇尾沙锥还有一项特技，就是对雌鸟求偶期间，能借助翅膀振动模拟出“打鼓”的声音，类似于chik-kot。可能“鼓声”越是响亮就越能赢得雌鸟的芳心吧。

扇尾沙锥				
Gallinago gallinago				
鸻形目	鹬科	沙锥属	冬候鸟	体长约30厘米

和喜欢小群活动的林鹬相比，白腰草鹬喜欢独自游走在河边浅水处、池塘边、沼泽中。它喜欢沿着河岸边走边觅食，走几步就会停步远眺，并上下晃动着尾部，从容、舒缓，胜似闲庭信步。一旦受惊，白腰草鹬便会快速奔跑，到有草或乱石的地方躲藏；惊扰不断，它才会冲起鸣叫而飞。即便有些惊慌失措，飞姿依然轻盈飘逸。白腰草鹬飞翔时翅上翅下均为黑色，腰和腹白色，比较容易辨认。

同为鹬类，白腰草鹬和林鹬特别容易混淆。特别是繁殖季节，白腰草鹬背部斑点增多，其白色的腹部和相似的体形，让人一时分不太清二者。这时就要注意以眼线、背部斑点及尾部有无横斑等特征来做出判断了。白腰草鹬的白色眉纹仅限于眼，与白色眼周相连，在暗色的头上极为醒目。

虽然白腰草鹬常常单独或成对活动，但迁徙期间也常会集成小群在放水翻耕的旱地上觅食，尤其喜欢肥沃多草的浅水田。初秋的野外安静而美丽，白腰草鹬振翅而飞，越过河滩，奔向远处多彩的世界，生命的自由和灵动让人羡慕不已。

白腰草鹬				
Tringa ochropus				
鸻形目	鹬科	鹬属	冬候鸟	体长约 23 厘米

斑鸫又名穿草鸡、窜儿鸡、斑点鸫、傻画眉，是我国分布广泛而普通的冬候鸟。斑鸫的体色较暗，上体从头到尾为暗橄榄色杂有黑色。清晰的白眉纹和胸、腹部黑色且具白色鳞状的斑纹是其明显的鉴别特征，斑鸫由此而得名。

斑鸫喜欢活动于平原田地或开阔山坡的草丛灌木间，在丘陵、林缘等地带觅食，常结成小群活动。特别是在迁徙季节，斑鸫常会集成数十只上百只的大群，也会与其他鸫类混群。不过即便是群体活动，它们个体之间还是会保持一定距离，彼此朝一定方向协同前进。

夏季昆虫活跃的时候，斑鸫主要以各色昆虫为食；冬季昆虫蛰伏的时候，它则会以树木的浆果、种子为食。斑鸫性格活跃、大胆，活动时常伴随着“叽叽叽”的尖细叫声，清脆悦耳，很远就能听见。

斑鸫				
Turdus eunomus				
雀形目	鸫科	鸫属	冬候鸟	体长约 25 厘米

红尾伯劳

Lanius cristatus

雀形目	伯劳科	伯劳属	夏候鸟	体长约 20 厘米

伯劳的典型特征有两个：一是酷似佐罗的黑眼罩，二是嘴上带钩。黑眼罩的宽窄、形状，有助于区别不同种的伯劳。比如，红尾伯劳的黑眼罩就没有棕背伯劳的黑眼罩那么宽。

红尾伯劳，因尾上覆羽和尾羽为红棕色而得名。它的喉部白色，背面大部分呈灰褐色，腹面棕白色。成年雄鸟和雌鸟大小相近，但雌鸟的羽色更为暗淡，眼罩不如雄鸟明显，且背部和体侧有深褐色的鳞状斑纹。

红尾伯劳常单独或成对活动，它们喜欢在枝头跳跃或飞上飞下。更多的时候它们会高高地站立在小树顶端静静地注视着四周，观察着地面的猎物,突然飞去捕猎,然后再飞回原来栖木上进食。和棕背伯劳一样，红尾伯劳主要以动物性食物为食，它常常将捕捉到的蝼蛄、蝗虫、螳螂等，穿挂在尖树枝上，然后撕食其内脏和肌肉等柔软部分，非常凶悍。

繁殖期间红尾伯劳常站在小树顶端仰首翘尾地高声鸣唱，鸣声粗犷、响亮、激昂有力，有时边鸣唱边突然飞向树顶上空，原地飞翔一阵后又落入枝头继续鸣唱，这是一种求偶的方式。它们在用歌声吸引着异性，然后冲上高空展示着自己的雄壮。

“小燕子，穿花衣，年年春天来这里。我问燕子你为啥来，燕子说这里的春天最美丽。”看到燕子，我们总是会不由自主地哼起这首歌。《小燕子》是每个人童年最美好的回忆。

燕子属于候鸟，每年它们都会在秋冬季飞走离开，在春夏季飞回来，而且总能找到第一次筑巢的地方，就像回家一样，因此被亲切地称为“家燕”。家燕有着一身乌黑光亮的羽毛，一对俊俏轻快的翅膀，还有一个剪

刀似的尾巴，非常活泼可爱。

家燕擅长飞行，每天大多数时间都成群地在村庄及其附近的田野上空不停地飞翔，飞行迅速敏捷，有时飞得很高，像鹰一样在空中翱翔,有时又紧贴水面一闪而过，时东时西，忽上忽下，没有固定飞行方向，有时还不停地发出尖锐而急促的叫声。

“不吃你家的米，不吃你家的谷，只借你家的屋檐做个窝。”家燕喜欢在农家的屋檐下和厅堂顶棚上做巢。巢主要用衔来的泥、草茎等，和以唾液粘结而成，里面铺以细软的杂草、羽毛、破布等。

家燕喜欢成双成对，共同筑新窝，一起哺育幼儿，温馨之至，因而是人见人爱的“客人”。古诗词中，与燕子有关的俯拾即是，或惜春伤怀：“燕子来时新社，梨花落后清明”（晏殊《破阵子》）；或渲染离愁：“无可奈何花落去，似曾相识燕归来，小园香径独徘徊”（晏殊《浣溪沙》）；或寄托相思：“思为双飞燕，衔泥巢君屋”(《古诗十九首·东城高且长》)。

家燕				
Hirundo rustica				
雀形目	燕科	燕属	夏候鸟	体长约 20 厘米

金腰燕与家燕在中国都非常常见，二者体型、大小相似，因为同样有“二月春风似剪刀”的叉形尾羽，这两种燕子就容易被人们混为一谈，不过如果稍稍仔细观察一下，会发现金腰燕最显

著的特点是腰部是橙黄色的，就好像系着一根“拳王”的金腰带。此外，金腰燕从喉部至腹部都有明显的黑色纵纹，体型相对比家燕粗壮一些。

金腰燕的生活习性与家燕相似，不同的是它喜欢停栖在海拔较高的地方。有时和家燕混飞在一起，飞行却不如家燕迅速，常常停翔在高空，鸣叫声比家燕稍微响亮一些。

家燕的巢由泥和枯草混合而成，比较简陋，民间常称家燕为“拙燕”，而金腰燕通常会使用前一年的旧巢繁殖，但每年会翻修旧巢。年复一年，新泥覆旧泥，乐此不疲。金腰燕的巢由细密的泥球混以少量草茎粘合而成，似侧置的壶状或花瓶状，侧方开口，而非家燕顶部开口的碗状巢。整个鸟巢外形比较整洁、精致，因此民间常称金腰燕为“巧燕”。

金腰燕				
Cecropis daurica				
雀形目	燕科	燕属	夏候鸟	体长约 18 厘米

东方大苇莺

Acrocephalus orientalis

雀形目	苇莺科	苇莺属	夏候鸟	体长约 19 厘米

凡是有芦苇荡的地方，一般都能听到东方大苇莺欢乐的鸣叫，循声寻找或耐心等待，就能见到它们的倩影。这种叫声洪亮的灰褐色小鸟，因为和大杜鹃的寄生博弈而名扬天下。

东方大苇莺外表普通，身穿一袭深浅不一的褐色羽衣，朴素而典雅；脸上则有显著的皮黄色眉纹。虽然相貌平平，但东方大苇莺却有着一副好嗓子，虽胜不过百灵，却也能歌喉乍开便四座皆惊：清脆而响亮，婉转且持久，常常与蝉噪蛙鸣共同构成盛夏的交响曲。

差不多“五一”之后，湿地里老的芦苇仍在，新的芦苇也开始拔节了，呈现出黄绿混杂的色彩，东方大苇莺开始伫立在高高的芦苇上放声歌唱，歌声格外嘹亮悦耳，这是它在向异性展示歌喉呢。当雄鸟吸引来雌鸟，经过谈情说爱，就开始共筑爱巢，在三四棵芦苇的中间最坚固结实的部位，编织营造出一个精致小巧的圆形巢穴，在这里生儿育女。秋季，待后代长成，东方大苇莺雌雄鸟便一同迁往南方温暖区域，以躲避寒冷天气，寻觅丰富的食物。

“独怜幽草涧边生，上有黄鹂深树鸣。”唐韦应物《滁州西涧》中的这两句诗里，黄鹂指的就是中国最常见的一种——黑枕黄鹂。黑枕黄鹂雌雄相似，全身以亮丽的黄色为主，除了翅膀和尾巴有部分黑色。最为特别的是它的头枕部有一条宽阔的黑色带斑，并向两侧延伸和黑色贯眼纹相连，形成一条围绕头顶的黑带，在金黄色的头部甚为醒目。

黑枕黄鹂爱在高大的阔叶树顶端筑巢，平时主要在浓密的树冠中活动，一般不会在低处活动。繁殖期间，黑枕黄鹂喜欢隐藏在树冠层枝叶丛中鸣叫，并且能变换腔调和模仿其他鸟的鸣叫，有时是清澈如流水般的笛音，有时是平稳哀婉的轻哨音，有时也作粗哑似的责骂声。黑枕黄鹂在清晨鸣叫最为频繁，有时边飞边鸣，飞行呈波浪式，缓慢而有力。

文人们在诗词中常赋予黑枕黄鹂思乡、怀人、伤别等情绪。“春无踪迹谁知？除非问取黄鹂；百啭无人能解，因风飞过蔷薇。”（黄庭坚《清平乐·春归何处》）“打起黄莺儿，莫教枝上啼。啼时惊妾梦，不得到辽西。”（金昌绪《春怨》）不同于诗词中积郁愁伤的意象，国画中的黑枕黄鹂寓意单纯，黄即富贵，鹂即吉利，黄鹂鸟是富贵吉祥之意。

黑枕黄鹂				
Oriolus chinensis				
雀形目	黄鹂科	黄鹂属	夏候鸟	体长约 26 厘米

“烟红露绿晓风香，燕舞莺啼春日长。”（宋苏轼《披锦亭》）春日的清晨，在优美的莺歌声中醒来，拉开窗户，突然一个小小的身影从蔷薇丛中跃出，一瞬间那鲜明的黄色小腰肢分外引人注目，原来是一

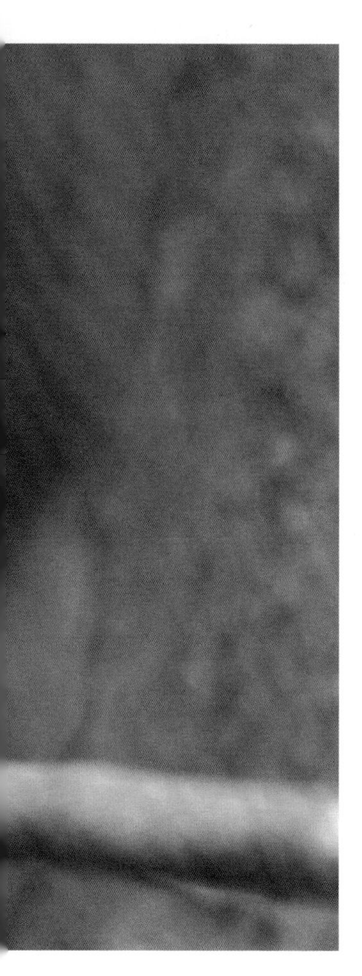

直被人偏爱的黄腰柳莺。

在所有的柳莺中，黄腰柳莺的羽色最鲜亮，这绿色的小鸟，区别于其他小型莺类的根本之处就是头顶的明黄色纵纹。而腰部那一条明黄色的腰带，就是它名字的由来。和其他小型莺类一样，黄腰柳莺以昆虫类为主食，偶尔吃杂草种子。为填饱肚子，它们必须一刻不停地忙碌着。

黄腰柳莺生性活泼、行动敏捷，喜欢在树顶枝叶间跳来跳去寻觅食物，或站在高大的针叶林树顶枝间连续不断地鸣叫，鸣声清脆、洪亮，数十米外就能听到。

黄腰柳莺不会游泳，所以只能在水浅、水流平缓的小溪边喝水、洗澡，它们洗澡时会把翅膀伸展在水面上肆意拍打，还会把头猛地扎进水里，水花四溅。

黄腰柳莺				
Phylloscopus proregulus				
雀形目	柳莺科	柳莺属	冬候鸟	体长约9厘米

红胁蓝尾鸲（qú）

Tarsiger cyanurus

雀形目	鹟科	林鸲属	冬候鸟	体长约 15 厘米

人们常将红胁蓝尾鸲比喻为翩飞的落霞，确实，那炫彩的鸟身，如落霞一般散发出温暖、柔和的光芒，让人不由自主想要靠近。

红胁蓝尾鸲的高颜值确实名副其实呀，雄鸟灰蓝色的覆羽散发出略微暗淡的气息，衬得翅上覆羽和尾上覆羽的灰蓝色格外鲜亮，两胁则呈现出灿烂的橘黄色。黑褐色的尾羽间夹杂着几丝蓝羽，外侧尾羽稍稍沾上了一点愈向外愈淡的蓝颜料。那白棕色的肚皮，仿佛是因为它过于淘气，穿过落霞的余晖时不小心让肚皮由纯白变为白棕色。雌鸟和亚成鸟较为低调，上体为灰褐色，尾部带点蓝色，雌鸟喉部偏黄褐色。

鸟类世界中，大多是雄性体色艳丽，红胁蓝尾鸲也是如此。雌鸟上体包绕着橄榄褐色，虽失去了雄鸟那几分鲜艳，却又多了几分柔情。雌鸟腰和尾上的覆羽呈灰蓝色，给自己点缀些许淡亮色。雌鸟下体和雄鸟相似，但胸前是橄榄褐色，胸侧无灰蓝色。

红胁蓝尾鸲以昆虫及其幼虫为食，也是森林的保护者。迁徙期间较为艰难，它们偶尔也会吃点植物性食物。红胁蓝尾鸲或单或双，或聚或散，不论是觅食还是休憩，都透露着落霞的温与柔。

北红尾鸲

Phoenicurus auroreus

雀形目	鹟科	红尾鸲属	冬候鸟	体长约 15 厘米

每年冬天和早春的时候，苏州城里总能看到不少北红尾鸲，它们多半栖息在灌木丛里或者小树上，出没于公园里甚至小区中。北红尾鸲的头顶至肩部是灰白色，后背和两翅黑色，腹部和尾巴均为鲜艳的橙红色，“北红尾鸲”一名正是由此而来。雌鸟全身要素雅许多，基本是浅棕色的。不管雌雄，它们的翅膀上都有一对明显的白色翅斑。让人印象更为深刻的是，北红尾鸲的尾巴经常上上下下地抖啊抖，就像上了发条一样。它们还会做点头的动作，好像树林中的小精灵般活泼可爱。

寻觅配偶时，北红尾鸲雄鸟会站在高处或者显眼的位置，引颈高歌，同时不停地向附近的雌鸟献殷勤：它们会伏下身子，翘起尾巴，不停地抖动，如果雌鸟飞到附近，它们则更加兴奋，尾巴举得更高，双脚还不停地来回踏步，就像跳舞一样。一旦雌雄两情相悦，它们就准备筑巢繁殖了。

大树的树洞、岩石的缝隙、房檐下的孔洞都是北红尾鸲筑巢的地点，不过它们最喜爱的却是房屋墙壁上的破洞。北红尾鸲会衔来枯草、苔藓、草根等材料，在破洞缝隙中精心地搭出一个碗状的巢穴，里面再衬上兽毛、羽毛，搭成一个舒舒服服的小家，然后在这里养儿育女。

枫树林里，“吱”的一声叫，一只看上去比麻雀稍显大的鸟，从地上飞起，落到不远处的树枝上。又是“吱”的一声，又一只飞落到树下草丛中。这身形小巧、活泼机警的鸟儿就是树鹨。这些小家伙浑身透着橄榄绿，有明显的浅色眉纹，胸前

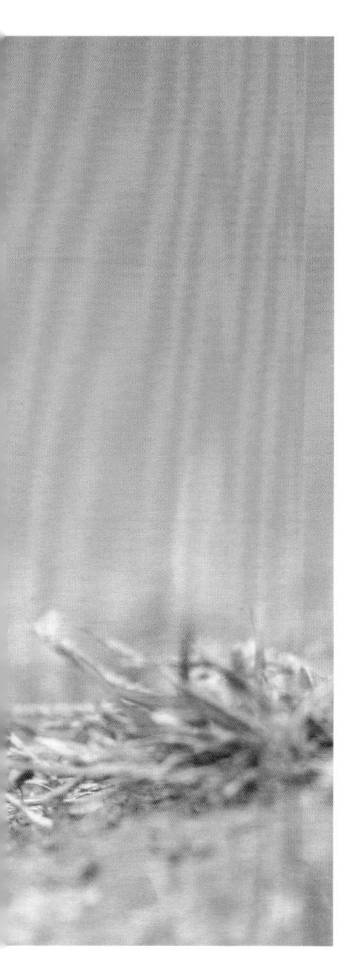

深色发黑的纹路粗重清晰。耳羽后的白斑，是它们重要的识别特征之一。树鹨并不像麻雀那样蹦着在地上移动，而是像珠颈斑鸠一样前后迈腿走路，稳当得很呢。

树鹨主要以昆虫及其幼虫为主要食物，在冬季也会吃些杂草种子等植物性食物。它们喜欢生活在山地森林等区域，常成对或小群活动，一旦受惊就立刻飞到附近树上，边飞边发出‘chi-chi-chi’的叫声，声音尖细。它的小脑袋也会向四周看，警觉性很高的样子。

树鹨的小尾巴经常会上下有节奏地摆动，像是一个“会移动的节拍器”。白鹡鸰、鹊鸲它们吃东西的时候尾巴也是不停的，但是树鹨在啄食的时候尾巴就稍作休息，看来还是个做事蛮专心的主儿。

树鹨（liù）				
Anthus hodgsoni				
雀形目	鹡鸰科	鹨属	冬候鸟	体长约 15 厘米

乍一看会把灰头鹀误认为是麻雀，因为它们体型颜色都挺像，但是仔细一看，它灰色的脸蛋上没有麻雀的那个萌萌的黑点哦。灰头鹀雄鸟头灰色，上体棕色且斑驳，下体浅黄色，带有黑色纵纹。雌鸟颜色灰暗一些，有黄色的眉纹和颊纹，其他和雄鸟差不多少。

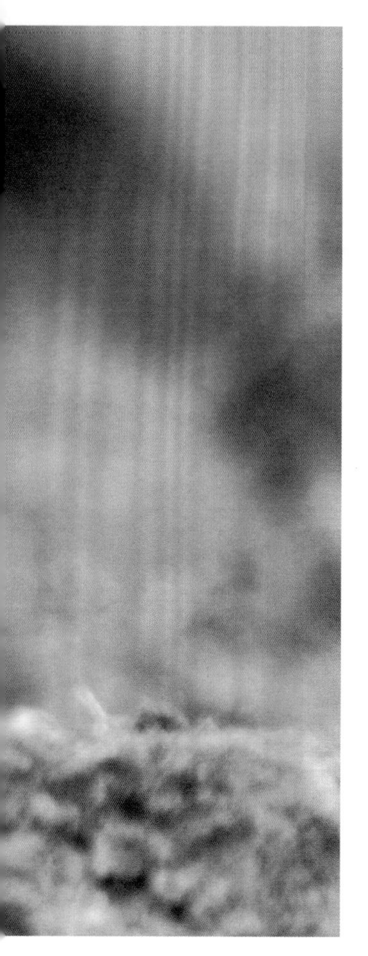

灰头鹀生活在山区的河谷溪流、平原灌丛和较稀疏的林地、耕地等环境中，常常结小群活动，繁殖季节会成对活动，迁飞时则会集成大的混合群。在迁飞前，常见它们向天空中翻飞，之后又落回原处。

灰头鹀性不怯疑，容易使人接近，往往在非常接近时才飞离，当受惊时则会发出短促的“chip”声，不大响亮。鹀属鸟类多系食谷鸟，灰头鹀亦不例外。据野外观察，灰头鹀冬春季食谱以野生草种、植物果实和各种谷物为主，但是在夏季灰头鹀以昆虫为主要食物。

<table>
<tr><td colspan="5">灰头鹀（wú）</td></tr>
<tr><td colspan="5">Emberiza spodocephala</td></tr>
<tr><td>雀形目</td><td>鹀科</td><td>鹀属</td><td>冬候鸟</td><td>体长约 14 厘米</td></tr>
</table>

东方白鹳(guàn)

Ciconia boyciana

鹳形目	鹳科	鹳属	冬候鸟	体长约 105 厘米

深秋的芦苇荡中，常会看到成群结队的东方白鹳，或飞，或立，或扎在浅水中觅食，悠闲自在。

东方白鹳属国家一级保护野生动物，体态优美，身着黑白相间的羽翼，足蹬鲜红色“长靴”，长喙黑中带红。它们全身只有红白黑三种颜色，简洁、英武、大气。

东方白鹳在空中的身姿优美而劲健，但是飞行前却要做一番准备工作：首先要在地上奔跑一段距离，并用力扇动两翅，待获得一定的上升力后才能飞起。飞翔时颈部向前伸直，腿、脚则伸到尾羽的后面，尾羽展开呈扇状，初级飞羽散开，上下交错，既能鼓翼飞翔，也能利用热气流在空中盘旋滑翔。

觅食时，东方白鹳常成对或小群漫步在水边或草地与沼泽地上，步履轻盈矫健，边走边啄食。它们最喜欢的食物当然是鱼类，常会用“大嘴”在水里不停搅动，等着鱼儿冒险探头，然后大快朵颐。

东方白鹳性情机警而胆怯，常常避开人群，在稀疏树木或小块丛林中筑巢。一旦发现有入侵领地者，就会上下嘴急速拍打，发出“嗒嗒嗒”的响声，并且伴随着身体其他部位的一系列动作，将入侵者恐吓驱逐出去。

花脸鸭曾是中国主要狩猎鸟类之一，数量极为丰富，但近20年其种群数量急剧下降，已变得极为稀少，现为国家二级重点保护野生动物。

花脸鸭雄鸭的繁殖羽极为艳丽，特别是脸部由黄、

绿、黑、白等多种色彩组成的花斑，在阳光下特别醒目。胸部和尾部两侧各有一条垂直的白色带状花纹，可以明显区别于其他野鸭。雄鸟的脸局部，有人说像京剧脸谱油彩、航拍地貌、一幅油画等等，反正辨识度很高。雌性花脸鸭长得就比雄性“谦虚”多了，它脸上的白圆点十分清晰地标明了身份。

花脸鸭在苏州各湿地公园都能见到，它们白天常小群游泳或漂浮于开阔的水面休息，夜晚则成群飞往附近田野、沟渠或湖边浅水处寻食，主要以各类水生植物、散落的稻谷和草籽为食，也会吃螺、软体动物、水生昆虫等。花脸鸭的声音嘈杂，叫声洪亮而短促，很远就能听见。它们十分惧怕人类，一发现有人接近，会瞬间快速起飞，并且稍作盘旋便飞向远方。

花脸鸭				
Sibirionetta formosa				
雁形目	鸭科	鸭属	冬候鸟	体长约 60 厘米

黑冠鹃隼

黑冠鹃隼是中国有分布的两种鹃隼之一，为国家二级保护野生动物，整体羽色为黑色，在阳光下会反射出淡绿色的金属光泽，腹部则有深栗色横纹。黑冠鹃隼的头顶上有着长长的蓝黑色冠羽，在猛禽中独树一帜。冠羽经常忽而耸立忽而落下，好像对周遭事物非常的敏感。

黑冠鹃隼喜欢在人烟稀少的山林里筑巢繁殖，它们经常单独活动，有时也会三五只一起小群活动。早晨和黄昏时分，常能看见它们在森林上空翱翔和盘旋，间或做一些鼓翼飞翔，活动极为悠闲，有时也会到地面活动和捕食。黑冠鹃隼主要以蝗虫、蚱蜢、蝉等昆虫为食，也特别爱吃蝙蝠以及鼠类、蜥蜴和蛙等动物。它们的嘴峰上有两个尖尖的齿突，显得十分锋利。

作为猛禽的黑冠鹃隼，处于食物链顶端，对生态环境非常挑剔。它们能来苏州的湿地公园安家，证明苏州生态环境好。不被打扰、食物充足、水源好，这些都吸引着鸟类中的“高端人才”前来安家。

黑冠鹃隼				
Aviceda leuphotes				
鹰形目	鹰科	鹃隼属	旅鸟	体长约 32 厘米

水雉生性活泼，脚爪细长如分叉的枯树枝，步履轻盈，能灵活行走于睡莲、菱角、芡实等浮叶植物上，体态优雅，羽色明快醒目，有着“凌波仙子”的美称。

这种鸟儿身体棕褐色，头、颈与两翼皆为白色，翼尖一点黑褐，后颈则有一片十分鲜亮的金黄羽毛，对比强烈，着实让人眼前一亮。它的尾羽极长，在水上如同一弯小桥，颇有气势，真不愧为“水中凤凰”呢。

它们主要以水生植物、小鱼小虾及昆虫为食，栖息于富有挺水植物和漂浮植物的淡水湖泊、池塘和沼泽地带。每年四月，水雉进入繁殖季节，此时它们会换上黑白相间的繁殖羽，直到八九月繁殖期结束时，才会生出黄褐色的冬羽。在换羽过程中，水雉因失去飞羽而无法飞翔，待羽长成之后便恢复如初。

目前，水雉在我国已经十分稀有，属于国家二级重点保护野生动物。

水雉				
Hydrophasianus chirurgus				
鸻形目	水雉科	水雉属	夏候鸟	体长约 33 厘米

黑翅长脚鹬体态高挑，细长的嘴黑色，浑身洁白羽毛，两翼为黑，颈背处亦呈黑色。仅观此鸟上身，不禁让人联想起呆萌呆萌的小企鹅。然而，与之截然相反的是，黑翅长脚鹬有两条红色

的大长腿，行走姿态相当优雅，步伐轻盈，因此人称“水鸟模特”，也叫“红腿娘子”。

这种水鸟主要以软体动物、小鱼虾、甲壳类、环节动物、昆虫等为食，常单独或成对在浅水和沼泽地带觅食，偶尔也见松散的小群觅食。它们常常飞奔着追捕猎物，有时也将嘴插入泥中或是把头浸没在水中觅食。

黑翅长脚鹬生性胆小而机警。它们的繁殖期自初夏开始，营巢于开阔的湖边、沼泽、草地或浅滩上，常常成群在一起，有时也与其他水禽混群营巢。一旦在孵化时遇到干扰，巢区的亲鸟们便会奋力保护幼鸟，飞到干扰者上空盘旋、鸣叫，时飞时落，引诱它们离开。秋季，长大的幼鸟就随父母和同类一起飞往南方越冬了。

<table>
<tr><td colspan="5">黑翅长脚鹬</td></tr>
<tr><td colspan="5">Himantopus himantopus</td></tr>
<tr><td>鸻形目</td><td>反嘴鹬科</td><td>长脚鹬属</td><td>夏候鸟</td><td>体长约 37 厘米</td></tr>
</table>

印象里的天鹅最先出现在童话故事里，它们是纯洁、忠诚和高贵的象征。

小天鹅体态优美，鸣声清脆，浑身洁白如玉，头与颈呈柠檬黄，嘴端黑色，嘴基两侧黄色，外形与大天鹅相似，只是体型明显偏小，颈和嘴都较短些。

小天鹅幼时全身淡灰褐色，黑黑的嘴，外貌并不惊艳，反倒是以“丑小鸭”的外号出了名，读《安徒生童话》的小朋友们都知道。另外一个经典故事便是作曲大师柴可夫斯基创作的著名芭蕾舞剧《天鹅湖》了。

我国古代称天鹅为“鹄”“鸿鹄”“白鸿鹤”等。《诗经》中有一句“白鸟洁白肥泽”，指的就是天鹅。而“天鹅”一词，则最早出现于唐代诗人李商隐的诗句“拔弦警火凤，交扇拂天鹅”中。彼时人们认为，天鹅是上天的使者，有着“神鸟”的美誉。

值得一提的是，天鹅具有“终身伴侣制”的习性，通常成双成对与伴侣形影不离，一同精心照顾和保护幼鸟。若其中一只天鹅不幸被捕杀，另一只幸存者则从此独居，不再另觅配偶，甚至绝食殉情。因此，天鹅也象征着忠贞不渝的爱情，令人感慨不已。

<table>
<tr><td colspan="5">小天鹅</td></tr>
<tr><td colspan="5">Cygnus columbianus</td></tr>
<tr><td>雁形目</td><td>鸭科</td><td>天鹅属</td><td>冬候鸟</td><td>体长约 140 厘米</td></tr>
</table>

鸳鸯，鸳指雄鸟，鸯指雌鸟。

“止则相耦，飞则成双”——从古至今，“鸳鸯”一词素来被用作指代夫妻相处和睦，象征着坚贞不移的爱情，最早出自唐代诗人卢照邻的诗作《长安古意》中“愿做鸳鸯不羡仙”。而“鸳鸯戏水”

更是民间常见的年画题材，也是刺绣等工艺品中多见的图案，寓意十分美好。

这种鸟儿雌雄异色，鸳较鸯外表更为艳丽。雄鸟嘴红色，脚橙黄色，羽色鲜亮华丽，头具鲜艳的冠羽，眼后有宽阔的白色眉纹，背上有“帆状饰羽”，十分醒目奇特。而雌鸟则以棕灰色为主，嘴黑色，脚橙黄色，眼周白色，连着细长的白色眉纹，整体外表较为低调。

鸳鸯生性机警，善隐蔽，飞行本领也很强。它们是杂食性鸟类，繁殖季节主要以昆虫、小型鱼蛙等为食，而冬季则以草叶、苔藓、玉米、稻谷、橡子等植物或植物的果实、种子为食。

在我国，鸳鸯曾拥有很大的种群数量，后来由于森林砍伐及捕猎过度，此种群数量日趋减少，现已被列入世界濒危鸟类名录中。

鸳鸯				
Aix galericulata				
雁形目	鸭科	鸳鸯属	冬候鸟	体长约 40 厘米

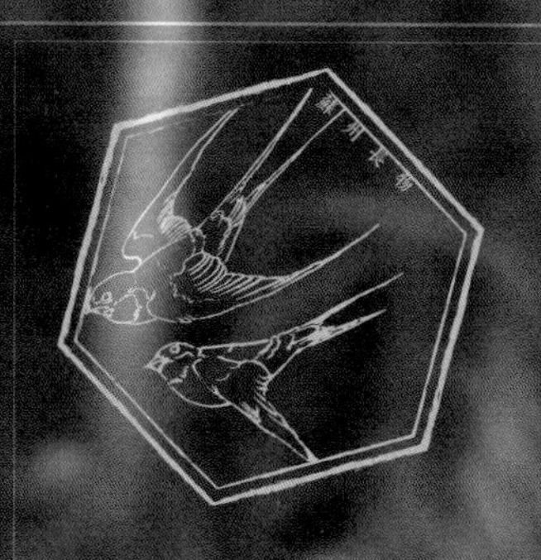

董鸡

Gallicrex cinerea

鹤形目	秧鸡科	董鸡属	夏候鸟	体长约 40 厘米

董鸡的外貌并不出众。雄鸟全身羽毛灰黑色，头顶生着鸡冠似的红色额甲，后端突出呈尖形；雌鸟羽毛则呈灰褐色，额甲并不突起，与雄鸟相比，体型较小。

这种鸟机警胆小，常单独或者成对活动。它们一般栖息于水稻田、池塘、芦苇沼泽、湖边草丛和水生植物繁多的浅水区域，白天通常匿藏其中，多数在晨昏或夜间出来觅食。

董鸡站姿挺拔，善于涉水行走和游泳，雄鸟行走时尾部翘起，脑袋前后点动。它们受惊时会疾速奔跑，情急时也会被迫起飞，飞行时颈部伸直像大雁，不过一般飞行距离都比较短。

植物种子、嫩茎叶、昆虫和小鱼虾等都是董鸡爱吃的食物，它们有时也食稻谷。在我国，董鸡为夏候鸟，春时通常于4月末至5月末迁来，秋时于10月至11月迁走，每年可繁殖1—2次。

鹗(è)

Pandion haliaetus				
鹰形目	鹗科	鹗属	冬候鸟	体长约 55 厘米

鹗是一种中型猛禽，头部白色，头顶有黑褐色纵纹，侧面亦有一条黑纹，略宽，从前额基部经眼延伸到后颈。其上身为暗褐色，略泛紫光，下身则为白色，胸口暗纹十分醒目。

这种猛禽主要栖息和飞翔于湖泊、河流、海滨等地，尤喜在森林中的河谷或有树木的水域地带活动。鹗趾具有锐爪，生细刺，外趾能反转，很适合捕鱼。一旦见到心仪的猎物，它们便强有力地直冲水面，用脚爪将其从水中提起并掠走。

鹗通常单独或成对活动，迁徙期间也只集成 3—5 只的小群。繁殖期，雄鸟和雌鸟成功配对之后常常比翼双飞，鸣声不断。

它们的巢大多用粗树枝搭成，在没有干扰的情况下可多年使用，不过每年都需要修葺。鸟巢为盘状，由树枝、灌木枝、枯草等堆集而成，内铺以树皮、枯草和羽毛等。鹗每窝产卵 2—3 枚，孵卵期为 32—40 天，雏鸟需经过 42 天的抚育后才可离巢飞翔。

苍鹰，又名“鹞鹰”“元鹰”等，为中小型猛禽。其头顶与侧呈黑褐色，眉纹黑白相杂，背部棕黑，胸以下密布灰褐与白色相间的横纹。它们飞翔时双翅宽阔，翅下白色，黑褐横纹较醒目。苍鹰雌鸟体型一般明显大于雄鸟。

它们生性机敏，通常单独活动，视觉敏锐，一双橙黄色眼睛目光炯炯，常常隐蔽在树枝间窥视猎物。苍鹰是森林中的肉食性猛禽，主要以鼠类、野兔、雉类和其他小型鸟类为食。它们善于飞行，疾速而灵活，能自由穿行于高低错落的丛林间，发现猎物时则迅速俯冲，利用脚爪将其捕捉。

苍鹰常常在林密僻静处较高的树上筑巢，以新鲜桦树、山榆的枝叶及少量羽毛为主要巢材。它们每窝产卵 3—4 枚，卵呈椭圆形，淡青色，两头略黑，由雌鸟孵化，雄鸟则负责警戒。

苍鹰				
Accipiter gentilis				
鹰形目	鹰科	鹰属	冬候鸟	体长约 56 厘米

红脚隼

Falco amurensis

隼形目	隼科	隼属	旅鸟	体长约 31 厘米

红脚隼，又叫“青燕子”“青鹰”“红腿鹞子”“蚂蚱鹰”等。

雄鸟身体大都为石板黑色，喉颈、胸腹等部位呈淡灰色，胸前有醒目的黑褐色羽干纹，尾下覆羽、覆腿羽棕红色；雌鸟羽色则为石板灰，有黑褐色羽干纹，下背、肩上有黑褐色横斑；喉、颈侧等部位乳白色，其余淡棕白，胸前亦有黑褐色纵纹。

它们有着一双褐色的眼睛，嘴灰色，脚橙红，翅膀窄而尖，善飞行，速度快，转向灵活，是迁徙旅程最远的猛禽，单程为13000—16000公里。

这种猛禽喜爱栖息在有稀疏树木的平原和丘陵等地区，主要以蝗虫、蚱蜢、蝼蛄、金龟子、蟋蟀等昆虫为食，也捕食小鸟、蜥蜴、蛙、鼠等小型脊椎动物。其中，它们所食害虫占到总食物的九成以上，对消灭害虫贡献极大。

红脚隼的鸟巢通常筑在高大乔木的顶枝上，主要由落叶松、刺槐等树木的干树枝搭建而成。近球形，有顶盖和两个侧面出口，雌鸟每窝产卵4—5枚，白色，密布红褐色的斑点，由亲鸟轮流孵化约22天。雏鸟出生后，大约一个月可离巢。

要想生活过得去，身上总得带点“绿”，这不，头部散发碧绿光芒的罗纹鸭来了。罗纹鸭是苏州数量最多的雁鸭，在各大湖泊、湿地公园都能遇见。之所以叫罗纹鸭，是因为雄性罗纹鸭的胸部和腹部有着类似螺纹的纹路。因为雄性罗纹鸭飞羽较长，在水面上游泳的时候飞羽自然下垂，呈镰刀般的形状，所以有外号——“镰刀鸭”。

雄性罗纹鸭脸的两侧有翠绿色的羽毛，色彩会随着光线的变化而变化，某个角度是淡绿色，换个角度又是深绿色。这两侧的冠羽还延伸下垂至颈部背面，就好像戴了一顶“拿破仑帽”。那么这“绿头”的罗纹鸭和绿头鸭有什么不同呢？只要记住罗纹鸭的嘴是黑色的，而绿头鸭则是黄色的，就很方便在鸭群中区分它俩了。罗纹鸭雄雌异型异色，雌性总体呈灰色，两胁密布淡灰色的波状纹，但纹路较细。

罗纹鸭喜欢栖息于内陆湖泊、沼泽、河流等处的平静水面，白天它们就在近水的灌丛中休息，晨昏则飞向农田湖泊的浅水处觅食。罗纹鸭主要以水藻、水生植物嫩叶、种子等植物性食物为食；也会到农田觅食稻谷和幼苗，偶尔也来点软体动物、水生昆虫等打打牙祭。

罗纹鸭				
Mareca falcata				
雁形目	鸭科	鸭属	冬候鸟	体长约 50 厘米

在夕阳的映照下，短耳鸮超低空飞行，巡视领空，给人杀手般的冷酷感。短耳鸮因短小的耳羽簇而得名，它们的体羽以黄褐色为主，点缀以深褐色斑纹；眼睛艳黄色，还有着醒目的“黑眼圈”。飞行时，短耳鸮经常露出黑色的腕斑和翼端部两道粗重的黑色斑纹，这是它们的“黑手腕”和“黑手指”。

短耳鸮一双锐利的眼睛会因为阳光而显现“大小眼”，对着阳光的眼睛是小小的黑色瞳孔，而背光的另外一只眼睛则出现大大的黑色瞳孔，非常有趣。短耳鸮雄鸟比雌鸟体形略小、重量略轻，民间区分短耳鸮的雌雄有“雄鸟白靓俊，雌鸟黑黄胖”的说法。

和一般的鸮类不同，短耳鸮不喜欢上树，喜欢有草的开阔地。它们能在白天看到东西，但是在阳光下飞行不太稳定，所以通常都是在清晨或黄昏时分，贴着过膝高的荒草原野上不停地疾飞，寻找从地洞里出来觅食的田鼠。抓住田鼠后如果不方便马上享用美食，短耳鸮会携带猎物飞去安全隐蔽的草丛里吞食或将田鼠匿藏起来以便日后食用，这个本领倒是与松鼠秋季藏坚果有异曲同工之妙。

然而，在短耳鸮“带弹飞行”过程中经常会遇到其他猛禽的打劫，好在即便丢失了猎物，短耳鸮也不会气馁，而是坚持不懈狩猎直到再次成功。这种不纠结过往而专注当下的态度值得我们学习。

<table>
<tr><td colspan="5">短耳鸮</td></tr>
<tr><td colspan="5">Asio flammeus</td></tr>
<tr><td>鸮形目</td><td>鸱鸮科</td><td>耳鸮属</td><td>冬候鸟</td><td>体长约 38 厘米</td></tr>
</table>

太平鸟科仅有1属3种，分别是太平鸟、小太平鸟和雪松太平鸟，前两种在我国有分布，而最后一种分布在美洲。

太平鸟尾端为黄色，自古太平鸟被称为黄连雀、“十二黄”，而小太平鸟尾端为绯红色，故又被称为绯连雀、朱连雀、“十二红”。小太平鸟体型略小于太平鸟，雌雄鸟同型同色，头部为红褐色，头部的冠羽翘起，有着强烈的朋克风格。头顶一条黑色的贯眼纹从嘴基一直延伸到羽冠，这也是它与太平鸟的另一个显著区别。小太平鸟的羽毛质地柔和，看上去像缎面一样光滑细腻。

小太平鸟特别喜欢吃鼠李、卫矛、女贞和槲寄生一类的果实，在这类果子成熟时，往往会呼朋引伴来大快朵颐。树上的鸟儿争相啄食，便有很多果子落在树下，过一段时间，它们又会集体落在草地上，将跌落的果子一一捡食。

说起槲寄生，顾名思义，就是寄生在其他植物上的植物，它的果实富有黏液，小太平鸟排出的粪便有些会牢牢地粘在树上，又给了槲寄生重生的机会。动物和植物相互依存可见一斑！

小太平鸟				
Bombycilla japonica				
雀形目	太平鸟科	太平鸟属	冬候鸟	体长约16厘米

寿带

Terpsiphone incei

雀形目	王鹟科	寿带属	夏候鸟	体长约 22 厘米

寿带，别名绶带鸟、白带子、长尾巴练等，雄鸟的中央尾羽差不多是身体的四五倍，形似绶带，故得名。它体态优美、小巧，长长的尾羽婀娜、飘逸，像仙子下凡，又被称为一枝花。寿带是小型鸟类中野外存活寿命最长的小鸟，平均寿命12.5年。它的叫声高亢、洪亮，类似“求福—求福”声，又带个“寿”字，所以我国古代常常用它们的形象表示长寿。

雄寿带脖子和头部都是带有金属闪光的蓝黑色；头顶还伸出一簇冠羽，鸣叫时会耸起；背部和翅膀都为深栗色，所以也被称为红寿带。红寿带进入老年后，全身羽毛都会变成白色，想象一下它们拖着白色的长尾，飞翔于林间的画面，真是宛如仙境。雌寿带就没有这么仙了，比较短小，也没有飘逸漂亮的两条长长尾羽。

寿带洗澡的画面撩人，入水时，从池塘边的树枝上跃下，像害羞的少女，躲躲闪闪；冲出水面飞向林间的一刹那，又是一副毅然决然的样子，好像要冲破世俗的感觉。

寿带停歇树枝的一招一式，真的非常可爱，它们常从栖息的树枝上飞到空中捕食昆虫，偶尔也会降落到地上，落地时长尾高举。每年4月底到7月底，寿带雌雄鸟就开始觅知音、配对，它们会在靠近溪流的小阔叶树枝杈上筑巢，一起承担抚养幼鸟的重任，直到幼鸟离巢，然后就带着孩子们远走高飞，直到第二年再飞回曾经生活过的地方。

白头鹤

Grus monacha

鹤形目	鹤科	鹤属	冬候鸟	体长约 100 厘米

2019年11月5日，苏州湿地自然学校鸟类调查员在常熟的“铁黄沙”进行鸟类监测时，发现了两只白头鹤。这是苏州历史上首次记录到白头鹤这种鸟类。

素有“世界神秘珍禽”之美誉的白头鹤，灰衣素裳，头颈雪白，体态高雅，又被称为修女鹤或玄鹤。白头鹤属于较为娇小的鹤类，喙细而长，胫下部无羽毛覆盖，同时也没有发达的脚蹼。白头鹤觅食时也不失仙女气度，它们喜欢吃食小型鱼类、甲壳类以及某些农作物，吃的时候总是不慌不忙，优雅至极。

其实白头鹤的头顶顶冠前端为黑而中间有红色，那为什么会叫这个名字呢？原来是因为白头鹤在结成伴侣之后，就会一生相守，白头到老。它们常被称为“爱情鸟”，人们也总以“以鹤为媒，白头偕老”来祝福结婚的友人。

白头鹤的配偶仪式十分有趣和浪漫，包括舞蹈和对唱，在对唱时雌雄叫声也大有不同。组成家庭后，雄鹤和雌鹤就开始承担生儿育女的重任。产卵时，雌鹤可能担心腿太高会把卵摔坏，所以会屈膝蹲下；雄鹤则会在一旁守候，可能是助力，也可能是警戒，总之画面充满了浓浓的爱意。

雄鹤和雌鹤对教育子女都十分负责，任劳任怨，可称得上是“模范夫妻”了。幼鸟破壳以后，父母会带领它们学习觅食和躲避敌害等生存技能。待幼鸟飞羽长齐之后，父母还会指导它们学习飞行，并练习编队飞行——“人”字形或“一”字形队列。

白头鹤是湿地的旗舰物种，也是国家一级保护野生动物，由于人活动的干扰和森林大火等原因，现在白头鹤的生存仍存在许多问题。

2017 年 5 月，黄胸鹀首度在张家港出现，这一消息让大家欣喜万分。其实大约十几年之前，黄胸鹀在迁徙季节像麻雀一样随处可见。但之后，黄胸鹀被人们认为具有一定的滋补作用，因此遭到大量捕杀，成为人类的盘中餐，数量开始急剧减少。终于在 2017 年年底，黄胸鹀成了一个极度濒危的物种。

不管雌雄，黄胸鹀的喉胸腹都是一片浓稠的黄色，这也是其名字的来源。雄性黄胸鹀繁殖羽头顶、颈及背部呈栗红色；脸和喉部为黑色；颈

下有一宽边黄色环，与黄色的胸部间有一条栗色胸带相隔；肩上有明显的白斑和翅斑。雌性黄胸鹀背部颜色和纵纹比雄鸟的略浅,肩上的白斑和翅斑比雄鸟的略灰暗。

黄胸鹀喜欢栖息于河谷灌丛草地上。繁殖期间，黄胸鹀雄鸟会经常站在高高的草茎或灌木顶端，长时间鸣叫、尽情展露自己清脆婉转的歌声。而雌鸟会在众多的追求者中仔细挑选，直到找到“看对眼了”的伴侣。经过短暂的蜜月期，小情侣就开始着手筑巢养育下一代。

黄胸鹀的喙形适合咬开谷物的壳，所以它们的食物主要为稻子、麦子、谷子等农作物，因而曾经被认为是有害农业生产的害鸟遭到捕杀。其实简单地以有益有害区分野生动物的二分法具有片面性和局限性。在繁殖季节，黄胸鹀会大量取食各种昆虫，这一习性与其他食谷鸟一致。

黄胸鹀				
Emberiza aureola				
雀形目	鹀科	鹀属	旅鸟	体长约 15 厘米

仙八色鸫

Pitta nympha

雀形目	八色鸫科	八色鸫属	夏候鸟	体长约 20 厘米

对于我们平常人来讲，仙八色鸫这个名字比较陌生，这种鸟由于身上的羽毛颜色比较多，且羽翼美丽，因此得名。仙八色鸫这种鸟身上至少有八种颜色，哪八色？分别有头部的栗色、眉纹上的淡黄色、脸颊的黑色、喉部的白色、腹部的亮红色、下体的灰白色、翅膀的深绿色以及肩部的亮蓝色。这几种颜色的搭配，正是仙八色鸫的特色。

仙八色鸫十分珍贵，全球不到 10000 只，中国总共约有 100—1000 个繁殖对，以及 50—1000 只迁徙个体，是国家二级保护野生动物，也是全球性易危鸟类。尽管中国长三角地区都应该是它的繁殖地，但之前只在南京有记录。近年也记录于苏州常熟虞山、太仓、姑苏区、吴江区等，且多为救助记录。

仙八色鸫是一种中等体型的鸟类。叫声是清晰的双音节哨音“kwa-he，kwa-wu”，又长又慢。其属名 pitta 源自南亚的一种语言，意为“漂亮的小玩意”；种加词 nympha 则源自神话中的 Nymph，意为“居于山林水泽的仙女”，和它的英文名 fairy pitta 是同样的含义。这种鸟的习性也确实有点像传说中的仙女或小精灵，总爱藏匿于密林中。仙八色鸫栖息于平原至低山的次生阔叶林内，在灌木下的草丛间单独活动，以喙掘土觅食蚯蚓、蜈蚣及鳞翅目幼虫，也食鞘翅目等昆虫。

戴菊是一种小型鸟类，生性活泼好动，体态轻盈，身手敏捷，常在针叶林中穿梭跳跃。其鸣声尖细，悦耳多变，听起来十分欢快。它的身体羽色大致为橄榄绿，腰和尾上覆羽黄绿色，两翅和尾皆由黑褐色点缀，腹部白色，羽端显得淡黄。

最有趣的是，戴菊的头顶中央有一个前窄后宽略似锥状的亮橙色羽冠，边缘呈柠檬黄，羽冠两侧各有一道黑色纹路，乍看上去好像鸟儿头顶戴上了一朵亮丽的小菊花。这大约就是人们给它起名的缘由吧，真是花一般好听的名字。

戴菊通常将鸟巢筑在红皮云杉、臭冷杉等针叶树的侧枝上或细枝丛中，距离地面可超 20 米，有茂密的枝叶掩盖着，极其隐蔽。它们对筑巢一事极为上心，还会用蛛丝等丝状物仔细缠沾着细枝，再衔来松针、树皮或鸟羽兽毛垫在其中，大约要花费十多日才能完成，因此其鸟巢颇为精致。

巢筑好后第二日雌鸟便开始产卵了，每窝 7—12 枚，鸟蛋呈白色被有细小褐斑。雏鸟孵出后，经过两到三周的喂养便可离巢随家族活动和觅食了。

<table>
<tr><td colspan="5">戴菊</td></tr>
<tr><td colspan="5">Regulus regulus</td></tr>
<tr><td>雀形目</td><td>戴菊科</td><td>戴菊属</td><td>冬候鸟</td><td>体长约 10 厘米</td></tr>
</table>

第一次知道鹬，应该是小时候听到的“鹬蚌相争”的故事。《说文》中记载：“鹬知天将雨则鸣。”古人认为这种鸟知道天是否要下雨，因此，就用鹬的鸟羽做成饰品带在帽子上以象征知天文。

鹬科的鸟类有很多，林鹬便是其中之一。林鹬体态纤细，

灰褐色的背部密布白色碎斑，像极了在深色外套上别出心裁绣出的衣线针脚；颈部密布黑色纵纹；眉线白而长，还有黑色的过眼线；白色的腰部在飞行时很是亮眼。

林鹬喜欢小群活动，它们不太喜欢开阔的滩涂，常出入于湖泊、沼泽、农田、池塘等地，若是你在这些地方发现有一小群迈着黄绿色大长腿悠闲散步的鹬鸻，多半就是林鹬了。它们时常沿水边边走边觅食，时而在水边疾走，时而站立于水边不动，或缓步边觅食边前进。林鹬胆怯而机警，遇到危险会立即起飞，边飞边叫。休息的时候，它们喜欢待在泥滩，降落时两翅上举，姿态轻盈。

林鹬				
Tringa glareola				
鸻形目	鹬科	鹬属	旅鸟	体长约 20 厘米

中华秋沙鸭，是1864年英国的一位学者在我国采到一只雄性幼鸭标本后，为其命名的，它是第三纪冰川期后残存下来的物种，距今有1000多万年了。中华秋沙鸭数量极其稀少，属国家一级重点保护野生动物。全球数量不足2400对，属于比扬子鳄还稀少的国际濒危动物，有“鸟中大熊猫”之称。春秋两季，在苏州偶尔能见到中华秋沙鸭，2015年4月曾在张家港长江西水道被记录到。

中华秋沙鸭，长着中国红的嘴巴，雄鸟两肋白色的羽毛上有如祥云般的黑色鳞文，所以早先它们也叫鳞胁秋沙鸭。它们的脑后像凤头一样有两簇黑色的冠羽。中华秋沙鸭很少鸣叫，它们的身体线条更为流畅，所以飞起来也比其他鸭科动物迅速。

作为鸭科动物，中华秋沙鸭却很喜欢上树，它们会把巢建在离水域较近、较粗壮的阔叶树的树洞里。中华秋沙鸭的雏鸟在孵化出来的一两天之内，就会从树洞里跳出来钻入水中，可能它们觉得水里比陆地安全吧。中华秋沙鸭目光敏锐，警惕性很高，稍感觉到情况异样，就会立刻游向湖岸隐身躲藏起来。

中华秋沙鸭只生活在清澈、干净的溪流、河道里，是健康湿地的指示物种。作为淡水生态系统的顶级捕食者，保护中华秋沙鸭，就是保护整个河流与湖泊生态系统，也是保护我们人类自己。

中华秋沙鸭				
Mergus squamatus				
雁形目	鸭科	秋沙鸭属	旅鸟	体长约 60 厘米

2020 年 5 月，迁徙季，同里湿地公园飞来了很多夜鹭、池鹭等老朋友，突然一只内陆罕见的黄嘴白鹭飞过，让鸟友们惊喜不已，据了解这是黄嘴白鹭第一次在苏州出现。

黄嘴白鹭，又名“唐白鹭”。“唐”历史上泛指中国，可见黄嘴白鹭与中国的渊源之深。它属于濒危鸟类，为国家一级保护野生动物，是我国保护级别最高的白鹭。

和其他白鹭相比，黄嘴白鹭最大的特点就是嘴黄，脚黑绿、趾黄。

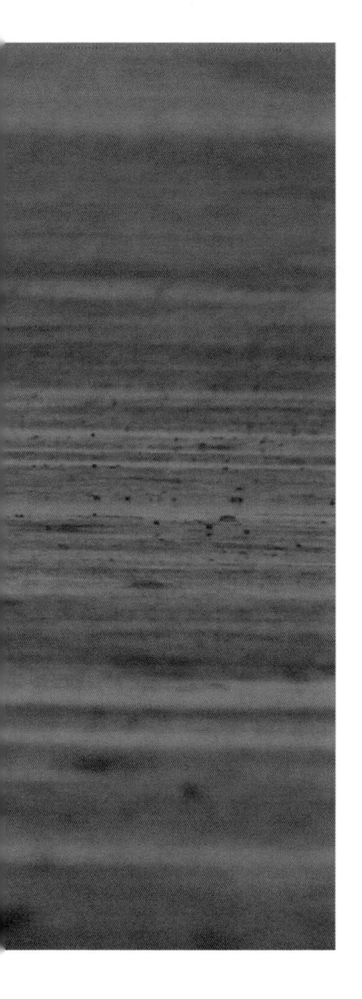

它的姿态十分优雅，身体纤瘦、修长、轻盈，一身洁白的羽毛，一尘不染，显得特别高贵。在繁殖期，黄嘴白鹭的头顶、胸背都会长出长长的蓑羽，随风飘舞，宛若仙子，又有点像白头老翁，所以它还有个别称叫“白老”。但是到了冬季，黄嘴白鹭的嘴就会变为暗褐色，长长的蓑羽也消失了。

可能是因为天生胆小谨慎，也可能是因为曾经遭人捕杀而留下了阴影，黄嘴白鹭总是生活在远离人烟的地方，把家安在悬崖峭壁上。黄嘴白鹭雌雄鸟之间的爱情有点像人类的“女追男”，一般来说，黄嘴白鹭雄鸟都有属于自己的领域，当雌鸟闯入时，雄鸟会机警地威吓，而雌鸟必须要有足够的耐心等待雄鸟发出同意的信号。一旦看对眼了，它们会嘴喙相碰，然后双双起飞，在空中长时间地比翼翱翔。飞回地上后，它们会互相追逐，也会相对翩翩起舞，以此来表示彼此的爱慕和信任。

黄嘴白鹭				
Egretta eulophotes				
鹈形目	鹭科	白鹭属	旅鸟	体长约 68 厘米

相比于其他雁类，小白额雁算是大雁家族中的“小家碧玉”了。小白额雁体型小巧，腿为明亮的橘黄色，下腹部为朴素雅致的白色和褐色，嘴基部的白斑一直延伸到额顶，因此得名。小白额雁的眼周还自带漂亮的金色“眼影”，颜值瞬间飙升。雌雄鸟体态区别很小，而且和大多数为人盛赞的明星雁一样，一旦许定交配必然从一而终，一生一世。

每年，小白额雁都会从西伯利亚远道而来，到我国长江中下游地区越冬。它们通常会在晚上迁徙，白天则成群飞到苔原、草地觅食，主要以各种水生植物为食，也吃农田谷物、种子和各种作物的幼叶和嫩芽等。小白额雁善于在地上行走，奔跑迅速；也善于游泳和潜水。它们行动极为谨慎小心，遇到危险时，常常会迅速向四方奔逃，藏在乱石中或草丛中；如果是在水里，则会向四处游开，或潜入水中，仅将头露出水面观察。

小白额雁在苏州比较罕见，只在张家港长江西水道等地被记录到。近年来，由于气候变化和人类对其栖息地的破坏，小白额雁的种群数量急剧减少，因此被世界自然保护联盟濒危物种红色名录列为“易危”等级。如何有效保护小白额雁等候鸟，任重而道远。

小白额雁				
Anser erythropus				
雁形目	鸭科	雁属	旅鸟	体长约 60 厘米

暗绿背鸬鹚，又名斑头鸬鹚、绿背鸬鹚，长得很像普通鸬鹚，但翅膀和背部羽毛为黑绿色且富有光泽，颈腹部也比普通鸬鹚要白。另外暗绿背鸬鹚嘴裂处为锐角也是其一个重要特征。

暗绿背鸬鹚更偏好海洋环境，常栖息于温带海洋沿岸和附近岛屿及海面上，迁徙和越冬时也见于河口及邻近的内陆湖泊，在我国种群数量较稀少，不常见。苏州冬季偶尔能见到暗绿背鸬鹚，2019 年 12 月在常熟铁黄沙曾被记录到。

可能是担心和普通鸬鹚有一样的被抓来捕鱼的命运，暗绿背鸬鹚偏好在人类难以靠近的悬岩岩石上或突出于海中的悬岩上筑巢，有时候也会在离海岸两三公里远的针叶树上筑巢。巢穴非常简单，主要由枯草和海草构成。它们通常会几对在一起小群繁殖，也有单对孤立繁殖的。

暗绿背鸬鹚				
Phalacrocorax capillatus				
鲣鸟目	鸬鹚科	鸬鹚属	旅鸟	体长约 81 厘米

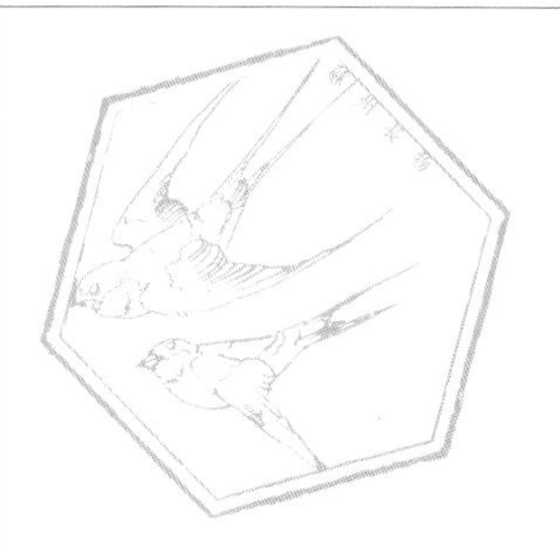

头顶上戴着带白斑的“小圆帽”，淡褐色的胸腹部也有一些白色的圆斑，这就是大名鼎鼎的蛇雕。蛇雕是国家二级保护野生动物，一般栖息在深山高大密林中，它们在高空盘旋飞翔时，可发出似啸声的鸣叫。顾名思义，蛇雕吃蛇的本领最引人注目，但它们其实也会吃一些蛙、鼠、小鸟之类，有时饿极了也吃螃蟹、虫子等。苏州近年来在吴中区七子山、渔洋山、西山、三山岛湿地公园等地曾记录到蛇雕。

蛇雕捕蛇和吃蛇的方式都十分奇特，它们一般是站在高处或者盘旋于空中窥视地面，发现蛇后，便从高处悄悄地落下，用双爪抓住蛇体，利嘴钳住蛇头。宽大的翅膀张开，支撑于地面，以保持平稳，待蛇失去反抗能力后便开始享用。蛇雕的嘴没有其他的猛禽发达，但颚肌非常强大，能将蛇的头部一口咬碎，然后便从头到尾直接吞食，颇有点囫囵吞枣的架势。

将蛇吞入之后，蛇雕往往会停下来，向着太阳，不断地挺胸和扬头，就像人在进食的时候被噎住的表情一样。其实这是它们为了抵抗吞咽下去而又没有完全死亡的蛇体在腹中的扭动，不得不抬头挺胸，用胸部的肌肉去抑制蛇体的动作。

蛇雕一般在森林中的大树上筑巢，巢材也就一些小树枝。很多情况下一窝只产一枚卵。蛇雕对它的幼崽不会娇生惯养，从小就培养它的捕食能力，真的是用心良苦的好妈妈。

<table>
<tr><td colspan="5">蛇雕</td></tr>
<tr><td colspan="5">Spilornis cheela</td></tr>
<tr><td>鹰形目</td><td>鹰科</td><td>蛇雕属</td><td>旅鸟</td><td>体长约 60 厘米</td></tr>
</table>

小田鸡体型纤小，大体灰褐色，嘴短，背部有白色纵纹，两肋及尾下有白色细横纹。它们喜欢栖息在湿地中水相对浅的区域，比如芦苇丛中。

清晨和傍晚的时候，小田鸡比较活跃，它们绝大部分时间在植物茂密处活动，喜欢在水较浅和即将干枯的泥坑中觅食。它们还可以一边潜水，一边在芦苇及莲花

荷叶上奔跑觅食。可能是生性谨慎，对所有事物缺乏信任感吧，小田鸡喜欢单独活动，很少结伴外出觅食。在野外的时候，稍有风吹草动小田鸡就会隐蔽起来或者逃之夭夭，久而久之倒也练就了它们迅捷的陆地奔跑速度。

小田鸡是杂食性动物，许多植物的叶子、果实、种子，当然还有害虫，都在它们的食谱上。除了不挑食以外，小田鸡另外一个生存优势是繁殖能力强。它们平时并没有固定的配偶，雌性小田鸡只有在繁殖的季节才会和雄性小田鸡随机配对。小田鸡的卵孵化速度非常快，只要条件适宜，不到三个星期幼鸟便会破壳而出，这大大提高了其后代的存活机会。

小田鸡				
Porzana pusilla				
鹤形目	秧鸡科	田鸡属	旅鸟	体长约 18 厘米

鸮形目鸟儿就是我们俗称的“猫头鹰”，大眼睛、大饼脸、钩状小短嘴，似乎就是这个家族的固有标签。其实并非所有的猫头鹰都长着大脸盘子，比如鹰鸮属的鸟儿，它们脸小，身体修长且遍布花纹，酷似鹰属猛禽。

亚洲的鹰鸮大多体型娇小，其中最有代表性的就是

北鹰鸮。北鹰鸮和鸽子一般大小，而且比鸽子苗条得多；但它的翅膀展开可达70厘米。北鹰鸮属于中型猛禽，有着黄色的大眼睛，腹部白色有灰斑纹。它的脚有四个脚趾，第四趾是转趾足，可以前后转动，从普通的三趾向前一趾向后，变成两前两后，方便抓紧猎物和树枝。

和其他猫头鹰一样，北鹰鸮喜欢晚上活动，主要捕食昆虫，当然它们也会捕捉鸟类、鼠类和蝙蝠。北鹰鸮喜欢低海拔林地，而且对生境不太挑，只要有能营巢的树洞就行。因此，北鹰鸮在很多城市公园也能繁殖。北鹰鸮在孵化期特别敏感，人在四五十米外走动，雌鸟就有反应；树干稍有响动雌鸟就会离巢；有的巢穴观察两次后就被亲鸟抛弃了。可见人类干扰对鸟类繁殖的危害，所以和鸟类保持距离，才是对它们最好的保护。

<table>
<tr><td colspan="5">北鹰鸮</td></tr>
<tr><td colspan="5">Ninox japonica</td></tr>
<tr><td>鸮形目</td><td>鸱鸮科</td><td>鹰鸮属</td><td>旅鸟</td><td>体长约30厘米</td></tr>
</table>

燕隼				
Falco subbuteo				
隼形目	隼科	隼属	旅鸟	体长约 30 厘米

燕隼，俗称“青条子”“蚂蚱鹰”“青尖”等，属于国家二级重点保护野生动物。它们体形比猎隼、游隼等都小，上体深蓝褐色，下体白色，有暗色条纹，腿羽呈淡红色。

这种小型猛禽飞翔时，翅膀张开狭长而尖，酷似镰刀。翼下白色，密布黑褐色横斑。当它们的翅膀合起时，翅尖几乎可到达尾羽端部，与燕子有几分相似，故名“燕隼”。

燕隼通常单独或成对活动，身手敏捷如闪电，平时爱在大树或电线杆顶停歇。它们在黄昏时分的觅食活动最为频繁，大多在空中进行，主要猎物为麻雀、山雀等雀形目小鸟，甚至能抓到飞行速度极快的家燕和雨燕等，偶尔也捕捉蝙蝠。除此之外，燕隼还大量捕食蜻蜓、蝗虫、天牛等昆虫，其中多为害虫。

燕隼在迁徙时常常组成小群，大约在4月中下旬迁到东北繁殖地，9月末至10月初离开繁殖地。它们很少自己筑窝，大多时候会侵占高大乔木上乌鸦和喜鹊的鸟巢。燕隼每窝产卵2—4枚，孵化期28天，雏鸟出生后大约一个月方能离巢。

灰脸鵟鹰又叫灰面鹞，属于国家二级保护野生动物，雌鸟与雄鸟的外形一样，不过却比雄鸟个头大。它们的体色比较低调，披着一身棕褐色的羽毛，就连翅膀上的覆羽也是棕褐色的，胸部以下为白色，遍布着棕褐色横斑。当它们张开翅膀，在高空中飞翔时，猛禽风姿一览无余。更为特别的是，灰脸鵟鹰有一双金黄色的眼睛，眼神十分犀利，若是对视常令人不寒而栗。

茂盛的森林，不仅能够为灰脸𫛭鹰提供栖身之所，还能为它们提供丰富的食物。森林里很多小动物都在灰脸𫛭鹰的食谱上，野兔、蛇类、蜈蚣、蜥蜴、鼠类、大型昆虫等等，即使有毒它们也不怕，只要能逮到就吃，简直是“五毒不惧”啊。

灰脸𫛭鹰有时候会积极主动出击，贴近地面飞行搜寻着猎物；有时候又采取保守窥探的方式，安静地站在树上，看到有猎物出现，就猛然出击，俯冲下去捕食。

性情凶猛的灰脸𫛭鹰猎食时很凶狠，但对待雌鸟与幼鸟却很有爱，它们不仅是“鸟中好丈夫”，还是“鸟中好爸爸”，有了幼鸟后，雄鸟每天都要不停地辛苦捕食，而雌鸟则负责将食物撕碎，分别喂给巢中的幼鸟。看来当鸟爸鸟妈的压力也很大呢。

灰脸𫛭鹰在苏州还是比较常见的，特别是秋季数量比较多，在张家港凤凰山和吴中区三山岛湿地公园曾记录到500—800只的迁徙大群。

灰脸𫛭（kuáng）鹰				
Butastur indicus				
鹰形目	鹰科	𫛭鹰属	旅鸟	体长约 45 厘米

中杓(sháo)鹬				
Numenius phaeopus				
鸻形目	鹬科	杓鹬属	旅鸟	体长约 43 厘米

中杓鹬是张家港沿江最为重要的湿地鸟类之一，每年秋季超过1000只会在张家港沿江湿地停留，达到全世界中杓鹬种群的2%。

在拉丁语中，Numenius的意思是“新月”，这个名字让杓鹬属鸟类带上了一丝神秘的气息，也代表着杓鹬属鸟类最主要的外形特征——长而向下弯曲的嘴。

中杓鹬是这个家族里分布最广也最为常见的一种鸟，它体型中等，喙长也中等，嘴巴比小杓鹬更加粗壮，也更加明显地下弯。中杓鹬整体颜色为暗褐色，带斑纹；头顶的纵纹又黑又宽，看起来像是西瓜皮的纹路。

中杓鹬喜欢单独或者小群觅食，通常在离林线不远的沼泽、苔原、湖泊和河岸草地活动，也常在树上栖息。它们行走时步履轻盈，步伐大而缓慢；成群飞行时，会排成V字形或横列直线飞行；鸣叫声有点像是马嘶声。觅食的时候，中杓鹬会将嘴插入泥中，硬是把躲在洞里的螃蟹拖出来。它们会直接把螃蟹吞下肚去，然后再将消化不掉的蟹壳吐出来。

因为喜欢在水面上不停地旋转打圈，红颈瓣蹼鹬被爱鸟的人取了个花名，叫“爱的魔力转圈圈”。红颈瓣蹼鹬属于海洋性鸟类，是一种罕见的过境鸟，它们一般会在七八月份经过苏州。2019年8月，在张家港长江西水道曾记录到400—500只的大群。

红颈瓣蹼鹬体形秀美，嘴细而尖，呈黑色；颈部呈漂亮的红色；脚趾上有像花瓣一样的蹼，这在鹬鸟中比较少见，有了这个“特殊装备”，它们在水里可以像鸭子一样划水。红颈瓣蹼鹬喜欢成群结队在沙滩、海面上

觅食和嬉戏，它们主要以浮游生物和昆虫为食。

和大多数鸟类相反，红颈瓣蹼鹬的雌鸟不但长得比雄鸟高大强壮，羽色也比雄鸟美丽多彩。尤其是在繁殖季节，雌鸟身体的羽毛仍然以灰黑色为主，但眼上出现了一小块白色的斑块，背、肩部有四条明显的橙黄色纵带，前颈呈鲜艳的栗红色，并向两侧往上一直延伸到眼后，形成一条漂亮的栗红色环带。雄鸟的羽色虽然看上去同雌鸟类似，但颜色平淡得多。

红颈瓣蹼鹬还是“一妻多夫”制的典型代表，雌鸟会主动向雄鸟发动爱情攻势，雄鸟往往乖乖地成了俘虏。然后它们会一起来到池塘河边，建上几个小窝巢。所谓的窝巢，不过是地下一个放了点野草和苔藓的凹坑罢了。雌鸟会选择一个满意的巢产卵，然后便扬长而去，另寻新欢。雄鸟既要孵卵，还要哺育雏鸟，真是又当爹又当妈呀。

<table>
<tr><td colspan="5" align="center">红颈瓣蹼鹬</td></tr>
<tr><td colspan="5" align="center">Phalaropus lobatus</td></tr>
<tr><td>鸻形目</td><td>鹬科</td><td>瓣蹼鹬属</td><td>旅鸟</td><td>体长约 18 厘米</td></tr>
</table>

2021 年 1 月 11 日，在苏州常熟昆承湖，苏州湿地自然学校鸟类调查员发现了两只全球极危物种——青头潜鸭，这是苏州继 2015 年在吴中区太湖边、2016 年在阳澄湖湿地公园之后，第三次发现这一珍稀鸟类了。青头潜鸭目前全球仅存千余只，在我国被列为国家一级保护野生动物。

青头潜鸭是一种头大嘴宽的小型野鸭，雄鸭有着暗青色的头颈部、

白色的眼珠、赤褐色的胸、白色的尾下覆羽；雌鸭头颈黑褐色，眼睛褐色或淡黄色。它们很少鸣叫，起飞时迅速快捷、矫健有力；降落时如果发现威胁，它们会迅猛扇翅，直接复飞。青头潜鸭还是鸭子中的“潜水健将”，能潜入 4 米深的水下捕食鱼虾和贝类。

在繁殖期间，青头潜鸭会一改群聚的习性，开始分片活动，求偶、配对的序幕由此拉开。确定了心仪对象后，雄鸭会对接近“心上人”的“情敌”发起攻击，爱情的力量不可小觑，“情敌”往往是落荒而逃。雄鸭的爱情保卫战胜利后，就会协助雌鸭选择营巢地点，往往是在地面刨出浅坑或聚集一堆苇草筑巢。

青头潜鸭对生存的生态环境要求较高，尤其是对水质要求较高。一旦水质变差，或者生态环境发生变化，它们会立即迁徙他处。所以它们一次次“做客”苏州，是苏州水生态环境持续改善的生动注脚。

青头潜鸭				
Aythya baeri				
雁形目	鸭科	潜鸭属	冬候鸟	体长约 45 厘米

在苏州地区，卷羽鹈鹕每年 12 月初从北方迁徙而来，会在吴江澄湖、常熟铁黄沙等地短暂停留，随后迁徙往南方越冬。卷羽鹈鹕是国家一级保护野生动物，其栖息地分布虽然广泛，但在整个东亚，卷羽鹈鹕数量被认为不足150只，种群极度濒危。

作为大型水鸟，卷羽鹈鹕体长和一个成年人相当，在水鸟家族之中，算得上是不折不扣的庞然大物了。卷羽鹈鹕一张黄色的大嘴与灰白色的羽色呈鲜明对比，头顶那一撮“卷发”，是它们最主要的特征，也是名字的由来。

和其他鹈鹕一样，卷羽鹈鹕的下嘴壳和脖子连成一个巨大的橘黄色皮囊，皮囊下垂的样子就像一个口袋，这是它们用来捕食鱼类的工具。卷羽鹈鹕捕食时，常采用围猎战术，发现鱼群后，会先用大大的翅膀用力扑打水面，把鱼赶到一起，多只卷羽鹈鹕围成一圈，使鱼群难以逃脱。

卷羽鹈鹕喜欢群居和游泳，但不会潜水；它们也善于在陆地上行走，颈部常常会弯曲成“S”形，缩在肩部，鸣声低沉而沙哑，繁殖期发出沙哑的嘶嘶声。

卷羽鹈鹕飞行时的姿态优美，它们将脖颈高高昂起，像鹭科鸟类一样的身形，一样的美丽。

卷羽鹈鹕				
Pelecanus crispus				
鹈形目	鹈鹕科	鹈鹕属	旅鸟	体长约 175 厘米

2020 年 12 月底，两只国家二级保护野生动物黑脸琵鹭出现在吴中区东太湖湿地公园，而上一次发现这一珍稀鸟类在苏州的身影已经是六七年前了。2021 年 2 月，黑脸琵鹭保护级别提升，从国家二级保护野生动物升级为国家一级保护野生动物。

黑脸琵鹭又名黑面鹭、琵琶嘴鹭，俗称饭匙鸟、黑面勺嘴，它们天生一张黑脸，与全身雪白的羽毛形成强烈对比；最吸引眼球的还是那扁平、

形状如勺子的黑色长嘴，与中国乐器中的琵琶极为相似，黑脸琵鹭也由此得名。黑脸琵鹭飞行时姿态优美而平缓，颈部和腿部伸直，有节奏地缓慢拍打着翅膀，仿佛正在舞蹈，故又被称为“黑面天使”或“黑面舞者”。

黑脸琵鹭的进食方式非常特别，它们会将饭勺一样的嘴插进水中，在水中晃来晃去乱搅一通，捞到什么吃什么，看来这嘴不仅长得像饭勺，连作用也如同饭勺呢。黑脸琵鹭的“食谱”也非常丰富，鱼、虾、蟹是“心头好”，各种水生昆虫以及软体动物同样来者不拒。

黑脸琵鹭性格沉稳机警，人类难以接近，它们对生存环境要求非常严格，常在海边潮湿地带及红树林、内陆水域岸边浅水处活动，还会在悬崖上筑巢。繁殖期时，黑脸琵鹭的后脑勺会有长长的发丝状橘黄色羽冠，为了与头发保持统一，脖子上会系一条黄色颈环，“衣品”和颜值都直线上升。

<table>
<tr><th colspan="5">黑脸琵鹭</th></tr>
<tr><td colspan="5">Palalea minor</td></tr>
<tr><td>鹈形目</td><td>鹮科</td><td>琵鹭属</td><td>旅鸟</td><td>体长约 75 厘米</td></tr>
</table>

鸻鹬类鸟儿在苏州的湿地比较常见，一般看起来不起眼，因为它们的羽毛配色通常是黑白灰或斑驳的黄褐色系。但彩鹬就不一样了，它们非常美艳，可以说是鸻鹬类鸟儿中的一枝花。

雌性彩鹬黑头、黄嘴、白眼圈；脖子和前胸是鲜艳的栗色；翅膀上排列着铜绿色翼斑，在阳光下闪耀着金

属光泽；肩膀上还有两条白“肩带”，连通到白色的腹部，正面看就像穿着一条白色背带裤。相比之下，雄性彩鹬除了“背带裤”是黄的，其他羽毛一概是暗淡斑驳的灰褐色；嘴也是灰色的，就连“白眼圈”也褪色发黄。

鸟类婚配，大多是一雄一雌或者一雄多雌，但彩鹬却是一雌多雄。彩鹬平时不擅鸣叫，只有求偶时，雌鸟胸部会有明显起伏，并发出低沉的“咕咕”声以吸引雄鸟，还会绕着雄鸟转圈，或是在原地展翅跳跃。这一番“歌舞”过后，雄鸟如果满意，就被雌鸟纳入“后宫”。通常求偶前，雌鸟就会占好一块地盘，禁止其他雌性进入。待召来夫君，就由雄鸟筑巢。有趣的是，雌鸟的“后宫”有好几处，但每处都只有一只雄鸟，所以也不能说它不专情。

彩鹬雌鸟产卵后，会象征性地孵一会儿，等体力一恢复，就转身离开另觅新欢了。彩鹬雄鸟是合格的超级奶爸，它们会专心孵蛋，直到小彩鹬出生。小彩鹬也很懂事，出壳一小时就能跟随爸爸出门觅食了。雄鸟会一直守护着孩子们长大，直到它们去建设各自的“王国”，或者被纳入“后宫”。

彩鹬				
Rostratula benghalensis				
鸻形目	彩鹬科	彩鹬属	夏候鸟	体长约 25 厘米

2016年4月4日，一只鸻鹬类水鸟在张家港长江沿岸的滩涂上出现并被拍下照片，经查证确定其为剑鸻，这是剑鸻在江苏省分布的新纪录。剑鸻是迁徙性鸟类，具有极强的飞行能力，在我国较为罕见，迁徙期

它们偶尔会出现在一些城市的湿地，所以能遇见剑鸻，真的需要一点运气。

剑鸻的嘴很特别，嘴端黑色，嘴基橙黄色；前额基部黑色，有一白色条带横于额前；耳羽黑色或黑褐色，白色的眉纹延伸至眼后；一条完整的白色颈圈与颏、喉的白色相连；胸前有一条黑色或黑褐色胸带，比较宽，而且一直环绕至颈后。

剑鸻喜欢在浅水沼泽、滩涂啄食水生动物，常贴近地面飞捕昆虫或在水面上低空飞行，发现猎物便急速收翅“跌落”水中捞鱼。它们性情机警，不易接近，常三五只结成小群活动，时而急走几步，时而停下来在泥滩觅食，而后又急走几步，边走边鸣叫。

剑鸻（héng）				
Charadrius hiaticula				
鸻形目	鸻科	鸻属	旅鸟	体长约 18 厘米

听东方鸻这个名字，就有莫名的亲切感，可能是因为“东方”这两个字吧。东方鸻一般会在迁徙期经过苏州，并不常见。

东方鸻特立独行，它们不太愿意和鸻鹬兄弟们混在泥滩上，海边草地是它的最爱。东方鸻会用又长又锋利

的喙捕捉昆虫和甲壳类动物，所以草地为它们提供了丰富的蛋白质来源。大快朵颐后，东方鸻会开始整理自己的羽毛，后背、下体，纤细的羽毛在阳光下微光闪闪，非常漂亮。特别是繁殖期，雄性东方鸻那条红得发黑的胸带跟雪白的下体羽毛对比强烈，特别醒目。

跟大多数拥有尾脂腺的鸟类一样，东方鸻还会把嘴伸到位于尾羽下方接近肛门处的尾脂腺，从那里获得一种油脂。这种油脂可以保护它们的羽毛和喙，还能加强羽毛的防水性。

东方鸻性机警，但也不是我们想象中的那样胆小，鸟类观察者时常能遇到可以很接近的个体，在他们拍下的照片中，可以看到东方鸻或展翅，或单腿站立休息，或忙于梳理羽毛，无不处于放松的状态。

东方鸻				
Charadrius veredus				
鸻形目	鸻科	鸻属	旅鸟	体长约 24 厘米

小杓鹬体重仅仅100—250克。是体型最小的杓鹬。小杓鹬与杓鹬其他种类的区别在体型较小，嘴较短较直略向下弯；皮黄色的眉纹粗重；腰无白色；纵纹仅延至胸；生境也不同于其他鹬类，栖息地以湖边、沼泽、河岸及附近的草

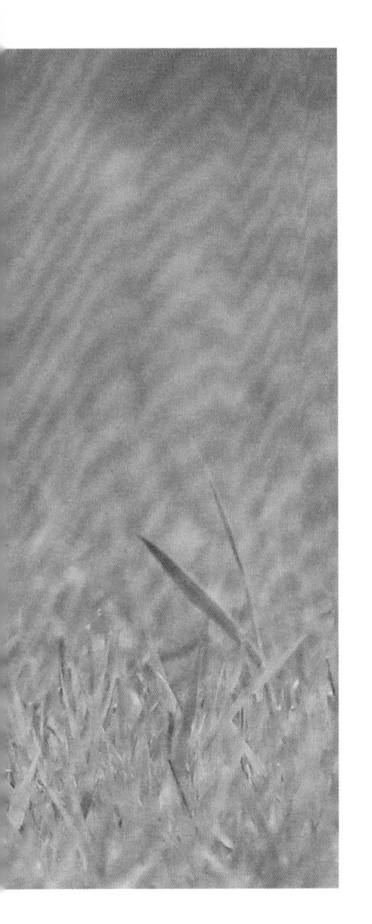

地和农田为主，走近时发出急促的三声鸣叫。

小杓鹬冬季迁徙到沿海地区。平常大多单独或小群活动，但迁徙和越冬时也同其他鹬类集成较大的群体。在海边每当潮水退后，它们就到被潮水淹没过的滩涂上觅食，涉水于浅滩淤泥中，啄食昆虫、小鱼、小虾、甲壳类和软体动物等，有时也吃藻类、草籽和植物种子。得益于身上整体偏褐色的羽毛，和红土地几乎混为一体，可以实现“原地隐身”。由于它们的落脚地日益减少，能找到食物的地方也越来越有限，数量日渐稀少，被列为国家二级保护野生动物。

近年由于生态环境转好，在张家港长江西水道已经可以记录到100—300只的大群。

小杓鹬				
Numenius minutus				
鸻形目	鹬科	杓鹬属	旅鸟	体长约30厘米

沙丘鹤

Grus canadensis

鹤形目	鹤科	鹤属	旅鸟	体长约 104 厘米

暮色中翱翔的沙丘鹤，就是这样的苍茫和辽远。

沙丘鹤又叫加拿大鹤。顾名思义它的产地在美洲大陆，但我国出现的沙丘鹤并非从美洲飞来，根据《东亚鸟类野外手册》记载，沙丘鹤在俄罗斯的科雷马河至楚科奇半岛繁殖，少数个体在11月至次年5月下旬会出现在日本九州岛，在东亚地区属于罕见的冬候鸟。后来连续几年都在江苏盐城观察到数只沙丘鹤越冬，又陆续在一些沿海的点位有数次不稳定观察记录。于是，我国开始将沙丘鹤定位为罕见冬候鸟，并在1989年将它列入国家二级保护野生动物名录。在苏州，沙丘鹤也在2020年首次记录于张家港常阴沙沿江。

沙丘鹤雄雌同型，皆具有灰褐羽色与“丹顶”特征，它们若展开双翼，宽可超过2米。这与生俱来的长翼，使它能如鹰般翱翔天际，而且只要扇动几下，便能轻而易举顺着气流扶摇而上，利于长途迁徙且加快飞行速度。

沙丘鹤喜欢群聚，以各种灌木和草本植物的叶、芽、草籽和谷粒等为食。若遇到危险，整个鹤群都会奋力反抗，用尖喙刺戳敌人或用双脚飞踢，毫不留情。它们还会持续发出咕噜噜的鸣叫，用来彼此联系，或是相互通知敌情。

黑鹳属国家一级保护野生动物，体态优美，体表主要颜色为黑色，阳光照耀下有华丽的金属感；腹部为白色；喙、眼周的裸皮区域和腿部为鲜艳的红色；整体来说，颜色对比浓烈，黑白红三色很有中国特色。民间俗称其为老油鹳、黑老鹳、锅鹳。

黑鹳特别喜爱有河流经过的山谷，它们会在山体上

选择合适的平台筑巢，而山下流经的河流就是它们喜爱的觅食场所。黑鹳可以说是山地河流生态系统的指示物种，只有保护良好的山地和天然水域，才能为黑鹳的繁殖和栖息提供必要的食物来源。换句话说黑鹳的栖息也说明了这个地区自然生态是比较健康的。

黑鹳常会使用往年的旧巢进行繁殖，经过清理和加固后的鸟巢坚实耐用，而且也有往年的温暖气息。黑鹳幼鸟远不如它们的父母那样艳丽，它们喙的颜色为灰色或者灰黄色，颈部的毛色也是深褐色或者亚光黑色。出生后的第一年，幼鸟会跟随亲鸟一直生活，跟着父母一起觅食和迁徙。到了出生的第四年，黑鹳才会达到性成熟，这时年轻的黑鹳会寻觅配偶组成自己的家庭，开始繁衍后代。

黑鹳在苏州比较少见，2015 年 10 月曾在吴中区渔洋山被观察到。

黑鹳				
Ciconia nigra				
鹳形目	鹳科	鹳属	旅鸟	体长约 100 厘米

黑嘴鸥数量稀少，一直是世界濒危物种，2021 年 2 月被列为我国国家一级重点保护野生动物，在苏州比较少见，2016 年 1 月曾在吴中区西山太湖被记录到。黑嘴鸥的嘴和头是黑色的，在阳光照射下散发光泽；双眼后上方各有一个月牙状的白眼眉，奇特而好看；背部是淡雅的灰色；双腿和脚为红色，像穿着一双红靴。

正如民谚所说的，黑嘴鸥“早哇阴，晚哇晴，半夜哇来到天明”。

它们可以预报天气，早晨叫是天要阴的，晚上叫是天要晴的，半夜叫，是这种天气状况要持续到天亮。早些年渔民们就是根据黑嘴鸥的叫声来判断明天能不能出海，后天能不能捕鱼。黑嘴鸥还能预知当年当地水域涨水时的水位，然后把巢基建得高高的，保证最高水位也淹不了它的巢，真是聪明过人。

黑嘴鸥生长在海边，每当海水退去，滩涂上露出的小鱼、小虾、贝类、螃蟹等都是它的食物，它们竟然还会把头钻进泥里捕食。海水是咸的，但是黑嘴鸥只喝淡水。因此说，黑嘴鸥是吃咸的，喝淡的，十分讲究。

别的海鸥一般把家安在远离人群的海岛、礁石上，黑嘴鸥却把家安在陆地上，所以它们除了面临自然界的天敌之外，还要面对人类对它的干扰和伤害。黑嘴鸥爱憎分明，一旦发现有陌生人侵入领地，它们会从空中45°角斜着俯冲下来进行驱逐，有时是单只进攻，有时是数只连续进攻，因此黑嘴鸥还得了个鸟类中的“轰炸机”的别称。

黑嘴鸥				
Chroicocephalus saundersi				
鸻形目	鸥科	鸥属	冬候鸟	体长约 33 厘米

图书在版编目（CIP）数据

苏州长物·鸟/苏州市科学技术协会编.—上海：文汇出版社，2021.9
ISBN 978-7-5496-3641-9

Ⅰ.①苏… Ⅱ.①苏… Ⅲ.①鸟类—介绍—苏州 Ⅳ.①Q959.708

中国版本图书馆CIP数据核字(2021)第170261号

苏州长物·鸟

编　　者 / 苏州市科学技术协会
责任编辑 / 许　峰
装帧设计 / 李树声

出版发行 / 文匯出版社
上海市威海路755号
（邮政编码200041）
印刷装订 / 无锡市海得印务有限公司
版　　次 / 2021年9月第1版
印　　次 / 2021年12月第2次印刷
开　　本 / 889×1194　1/32
字　　数 / 55千
印　　张 / 6.75

ISBN 978-7-5496-3641-9
定　　价 / 58.00元